家具与陈设设计

高等院校艺术学门类
"十四五"规划教材

□ 主　编　李晓娟　郭媛媛　张启彬
□ 副主编　方文娟　张奕妍　宋雪敏
□ 参　编　汪月　柴方美　黄玉蓉　洪燕铌
　　　　　唐映梅　方彬　黄显惠

A R T　D E S I G N

华中科技大学出版社
http://www.hustp.com
中国·武汉

内 容 简 介

本书兼具理论性和实用性的双重特点，在注重软装与陈设艺术基础理论的同时，还分析和梳理了当下流行的室内风格及色彩搭配方法、主题定位及方案制作。本书主要内容包括家具概论、家具发展简史、家具造型设计、家具材料、家具结构设计、室内陈设品的分类、家具与室内陈设、家具与陈设设计的运用、家具与室内陈设设计过程及家具与陈设配置实训。

本书内容通俗易懂、图文并茂，具有针对性和实用性较强等特点。本书不仅可面向在校的环境设计及室内设计专业的大学生，同时也可为有一定基础的室内设计师和设计爱好者提供一个交流学习的机会。

《家具与陈设设计》课件（提取码为 jrzc）

图书在版编目（CIP）数据

家具与陈设设计 / 李晓娟，郭媛媛，张启彬主编 .—武汉： 华中科技大学出版社，2020.1（2025.1重印）
高等院校艺术学门类"十四五"规划教材
ISBN 978-7-5680-3265-0

Ⅰ．①家… Ⅱ．①李… ②郭… ③张… Ⅲ．①家具—设计—高等学校—教材 ②室内布置—设计—高等学校—教材 Ⅳ．① TS664.01 ② J525.1

中国版本图书馆 CIP 数据核字 (2020) 第 011687 号

家具与陈设设计
Jiaju yu Chenshe Sheji

李晓娟　郭媛媛　张启彬　主编

策划编辑：彭中军
责任编辑：刘姝甜
封面设计：优　优
责任监印：朱　玢
出版发行：华中科技大学出版社（中国·武汉）　　电话：（027）81321913
　　　　　武汉市东湖新技术开发区华工科技园　　邮编：430223
录　　排：华中科技大学惠友文印中心
印　　刷：武汉市洪林印务有限公司
开　　本：880 mm×1230 mm　1/16
印　　张：9
字　　数：312 千字
版　　次：2025 年 1 月第 1 版第 4 次印刷
定　　价：59.00 元

　　家具与陈设设计是一门新兴的课程，这门课程跨度较大，囊括的内容较多，是环境艺术设计专业的一门综合性较强的必修课程。家具与陈设设计是室内设计不可分割的重要组成部分，主要解决室内空间形象设计、室内装修中的装饰等众多问题，以及对室内装饰物品进行设计、挑选、设置等。

　　本书旨在使学生通过陈设艺术设计的基本理论和知识的学习，了解陈设与室内设计的关系，能具备一定的室内陈设品的选择和规划设计能力，进而创造更符合人的生理和心理需求、更优化的环境；让学生了解室内空间中家具与陈设布置的概念，培养学生对于装饰设计的审美能力，使学生掌握家具与陈设设计的操作技法，并能针对不同类型的室内空间进行家具与陈设设计，培养学生完整的空间设计企划能力。

　　本书的编写与出版得到了郑州轻工业大学、武昌工学院、武汉学院、吉林师范大学博达学院、常州市新闻中心小学、福建江夏学院、武汉民政职业学院、武汉工程科技学院及武汉东湖学院的大力支持，在此致以诚挚的感谢。此外，本书还参考了一些国内外的相关教材，借鉴了其中的部分资料，在此向相关作者表示衷心的感谢；同时，也向所有关心、支持和帮助本书出版的单位和人士表示衷心的感谢。

　　书中如有不足或不妥之处，还望大家批评指正。

编　者

2019 年 12 月

目录
Contents

JIAJU YU CHENSHE SHEJI

第 1 章
家具概论

第1节　家具的概念

　　什么是家具？我国第一部大规模的语文词书《词源》对家具的解释为："家用的器具。北魏贾思勰《齐民要术·卷五·种槐、柳、楸、梓、梧、柞》：'凡为家具者，前件木皆所宜种。'"我国第一部大型综合性百科全书《中国大百科全书·轻工》中对家具的解释是，人类日常生活和社会活动中使用的，具有坐卧、凭倚、储藏、间隔等功能的器具，一般由若干个零、部件按一定的接合方式装配而成。家具已成为室内外装饰的一个组成部分。其造型、色彩、质地等在某种程度上烘托了厅室的气氛；在一些庭院、海滩、街道等公共场所，还具有环境装饰、分隔和点缀的作用。现代家具在造型上既注重空间的利用，又强调个性化和情趣化，以适应人们审美观念多元化、模糊化的多层需求；在加工上简化产品结构和工艺，以适应工业化生产的要求。其实，所谓家具，是人类衣食住行活动中供人们坐、卧、作业或供物品储存和展示的器具，是人类维持日常生活、工作学习和开展社会活动必不可少的物质器具。家具的历史可以说同人类的历史一样悠久，它随着社会的发展、科技的进步、人们生活水平的提高而不断发展，反映了不同时代人类的生活和生产力水平，融科学、技术、材料、文化和艺术于一体。在当代，家具已经被赋予了很宽泛的含义——家具、设备、可移动的装置、陈设品、服饰品等。随着社会的进步和人类的发展，现代家具的设计几乎涵盖了所有的环境产品、城市设施、家庭空间、公共空间和工业产品。

　　现代意义上的家具，具有使用上的普遍性、功能上的二重性等特征。家具是生活方式的缩影；生活是家具设计与开发的源泉。生活方式的演变对家具设计思潮产生着重要的影响，促进了家具设计的发展。

第2节　家具设计的性质

　　家具是科学与艺术、物质与精神的结合。除了基本的实用功能外，消费者还需要家具与自己的身份、地位相符，要显示和标明自己的个性、修养和文化水准，以达到自我实现需求的满足。家具设计这一创造过程，涉及生理学、心理学、人体工程学、文学、美学、社会学等诸多领域。

现代家具是用适当的物质材料经机械加工制成的，具有一定功能效用和审美价值的，与现代环境、现代观念吻合的物质实体。既然现代家具是这样一种物质实体，那么家具设计就要涉及自然学科中的数学、光学、材料学等。

此外，家具是商品，所以家具设计不是单纯的产品设计和研发，而是一个完整的设计链和产业链。家具设计应兼顾生产者和消费者双方利益，既要进行前期的市场调研、消费者行为研究、品牌策划和目标市场定位，又要策划后期的营销措施，如销售渠道、配饰设计、展示设计、经济法规以及广告策略等。

所以说，家具是设计师立体思维的产物，是现代科学与现代艺术的结晶，是自然科学与社会科学的交叉，这也要求家具设计师具备专深、广博的知识以及综合运用这些知识传达设计构思与方案的能力。

第3节　家具设计与建筑

家具的发展和建筑的发展一直是并行的关系，两者之间相互作用、相互影响。家具是建筑功能的延伸和补充，家具与建筑在结构和形式方面联系日益密切。在漫长的历史发展中，无论是东方还是西方，建筑样式演变一直影响着家具样式更新，如欧洲中世纪哥特式教堂建筑的兴起就使有同样刚直、挺拔的哥特式家具与建筑形象呼应。中国传统建筑对中国古典家具的影响从构架方式深入了每个细节，无论从构建思维、造型特点还是从结构方式上讲，传统建筑都是古典家具学习和模仿的主要对象。

（1）古典家具经历了一个和传统建筑相似的构件思维过程，即由叠砌式向框架式、由低型向高型转变的过程。

（2）传统建筑促进了古典家具的结构方式的演变，无论是整体构架还是细部结构，家具的各个结构形式几乎都能在建筑结构中找到原型。（见图1-1、图1-2）

（3）传统建筑构件造型的演变是一个简繁交替的过程，而古典家具构件造型的变化过程也是简繁交替的，并且略滞后于建筑一段时间。

一、建筑文化对家具设计的影响

建筑形式一直以来都是家具文化特征形成的重要因素，特别是建筑艺术所表现出来的精神特征，即所象征的权力、地位、形式等方面，都可在家具风格特征中再现。中式家具

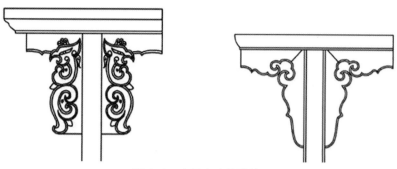

图 1-1　中国古建筑雀替

图 1-2　古典家具

上支、架、撑、托的榫结构形式，继承了中国古代建筑的式样；文艺复兴时期家具主要吸收了古希腊、古罗马家具造型的某些元素，尤其是采用了建筑装饰的手法来处理家具的造型，把建筑上的檐板、扶壁柱、台座等建筑装饰局部形式移植到家具装饰上，同时还利用了绘画、雕刻等手法，形成了文艺复兴时期家具的风格特征。（见图 1-3）

图 1-3　文艺复兴时期的椅子

二、建筑材料对家具设计的影响

西方早期的建筑材料为石材，工业革命后大量的钢架和玻璃材料取代了石材，新的建筑形式形成。建筑设计脱离单纯对建筑构造、建筑力学以及建筑装饰进行设计的层面，开始对建筑内部空间功能性的划分及其陈设和家具设计进行整体性的考虑，更注重建筑空间装饰的整体性，即室内陈设和家具设计之间的协调统一性。为了能与传统的建筑保持统一性，家具制作也会采用一些传统建筑所用的材料，如木材和石材、玻璃等，将这些材料应用在现代风格的家具设计方面，能使现代的家具设计与传统的建筑风格有机融合。

三、建筑风格对家具设计的影响

西方现代主义建筑设计风格对室内空间设计以及家具设计有着深远的影响。西方早期无论是宏伟建筑还是精美家具都为上层社会所有，代表着权力和财富，无法成为所有人日常生活的用品。工业革命之后，建筑设计和家具设计开始从人性化角度出发，并将建筑上所有的设计手法应用在家具设计上，这在一定程度上影响了家具风格的转换。例如，现代国际主义建筑风格的流行相应产生了简洁造型的现代家具。现代建筑和现代家具同步发展，促使许多现代设计大师和家具设计大师涌现，建筑与家具的成就交相辉映。英国格拉斯哥学派著名的建筑和家具设计师查尔斯·麦金托什设计了一系列直线风格的建筑作品，并设计了与之配套的几何造型垂直风格的家具作品，高靠椅系列就是典型的例子。荷兰风格派建筑师格里特·托马斯·里特维尔德的设计作品施罗德住宅与红蓝椅，是以立体主义的视觉语言和风格派的表现手法从绘画平面艺术转向三维空间的经典案例，如图1-4、图1-5所示。建筑师密斯·凡·德·罗在1929年设计的巴塞罗那椅与巴塞罗那世界博览会德国馆的三维空间设计风格一致，诠释了他"少就是多"的设计理念。芬兰建筑大师阿尔瓦·阿尔托把家具设计看成"整体建筑的附件"，他采用蒸汽弯曲木材技术设计的一系列层压曲木家具，具有强烈的有机功能主义特色，与他追求的有机形式建筑是互相联系的，这些曲木家具与画面、墙面及建筑结构，都是不可分割的有机组成部分。

图1-4　施罗德住宅　　　　图1-5　红蓝椅

家具始终是人类与建筑空间的中介物：人—家具—建筑。建筑是人造空间，是人从动物界进化发展出来的最重要、具有决定性的一步。家具的每一次演变，都是人类在建筑空间和环境中再一次创造文明空间的努力，这种文明空间的创造是人类改变生存和生活方式的一种设计创造与技术创造的行为。人类不能直接利用建筑空间，而是需要通过家具把建筑空间消化转变为家，所以家具设计是建筑环境与室内设计的重要组成部分。

第 4 节　家具设计与环境设计

　　"城市家具"这个名词最早出现在 20 世纪 60 年代，它涵盖的范围比较广，比如公共座椅、路灯、垃圾桶等都属城市家具的范畴。城市户外家具从诞生起，其设计就一直受多种因素的影响，如社会、经济、科学等。随着社会经济的发展、人们生活水平的提高，公众有更多精力去改变生活、享受生活。城市建筑设计、公共环境设计非常能代表人类文明的发展，家具的发展与进化和建筑环境、科学技术的发展息息相关，更与社会形态同步。20 世纪 80 年代中后期，公共艺术开始注意与环境的相互关系，艺术家们发现环境恶化给城市美观和人们生活带来了负面影响。20 世纪 90 年代以来，公共空间的不断扩展，使人们与公共艺术之间的关系越来越密切，公共艺术成为公共空间中重要的标志和装饰，向人们展示着城市的现代化和时尚化。进入 21 世纪，人们对公共艺术的质量有了更高的要求。大家的目光已经不仅仅停留在美观、数量及耐久实用等层面，而是对造型、材料、色彩与周围环境的协调和设计创意等方面有了更多的要求。城市的广场、公园、街道等日益成为向所有市民开放的扩大的户外起居室。现代人类城市建筑空间的变化，使现代家具又有了一个新的发展空间——城市建筑环境公共家具设计。

　　其实，户外家具的历史可以追溯到很久以前，早期的人类活动大部分是在户外进行的，原始社会就地取材，简易的石桌、石凳就是最早的户外家具。这样的户外家具经过漫长发展，演变为后来中国明清时期园林建筑中的花园家具。随着人类社会生活的不断变化，家具正从室内、家居和商业场所不断地扩大，延伸到街道、广场、花园、湖畔……随着人们休闲、旅游、购物等生活行为方式的增多，人们需要更多的舒适、放松、稳固、美观的公共户外家具，如图 1-6 所示。

　　首先，户外家具不仅要满足人们的物质需求，还要根据不同种类的具体功能来考虑家具精神功能的体现。城市户外家具按照其功能性大致可分为坐卧类、照明类、景观类、收纳类等。

　　其次，户外家具设计中，家具的造型塑造是由材料本身的形态、质感、色彩等元素构成的，通过塑造，它们可以产生不同的空间感受。

再次，材料的合理运用是城市户外家具设计不可缺少的方面。材料技术的发展创造出许多新材料，这为设计师的设计提供了更多的选择。对产品进行设计时，设计师需要根据不同材料的特质进行合理的把握，使产品在视觉上和功能上得到完美展现。

图 1-6   现代户外家具

最后，城市户外家具追求的不单单是最终的表现效果，还要留意在不浪费资源的同时最大限度地满足大众功能上的需求，同时，在结构上也要考虑家具摆放位置以及组合的多变性，以便与日新月异的社会环境相符。

总之，作为城市公共环境的整体形象，现代公共环境户外家具设计是一个激动人心的新挑战，需要当代家具设计师在理论和实践中不断摸索，创造具有人文魅力的城市景观，表达家具设计师在社会文明、社会经济等诸多方面的参与能力和社会责任感。

第 5 节   家具设计的发展趋向

家具是人们日常生活中不可缺少的一部分，家具是人们生活方式的表达，它的改变又从各个方面影响着人们的生活。自从工业革命以来，现代设计思潮流派纷呈、风格多样。设计思潮走过了由功能化、理性化、装饰化带来的同一化通向多元化的历程，种种设计思潮对现代家具的设计产生了很大的影响。随着国际趋势的逐渐强劲及人们生活与思想的影响与反思，世界各地的生产商与销售商都开始从关注本土转向开展世界贸易，设计师也开始从全球化品位进行产品开发；消费者开始回归平静朴素的生活，回归自然与舒适，追求个性与创意的生活体验。来自各个层面的变化形成了世界家具不同以往的一些特征与趋势，其中较具体、鲜明的几大趋势为回归本质、强调反差、设计心理、观念转换、民族化和追求和谐。

一、回归本质

回归本质，主要体现在众多的设计师不再局限于产品细节品质的设计，而是开始追求朴素纯粹的本质，同时又巧妙地配备新功能与高科技。这类家具造型通常以基本的四方或圆形来表达，并采用天然材质与大地色系来表现产品。家具趋势反映人们生活的风貌。之所以有强烈的回归本质，是因为人们在经历了世界经济和社会动荡给人们带来的创伤、在遭遇了各种恶劣气候带来的损失和伤害之后开始反思，人的这种无止境的物质追求和对环境的破坏行为是否是错误的，人们该如何重新认识人与自然的关系、重新认识人类自己的生活。因此，人们纷纷从忙碌的工作、乐此不疲的度假以及没有节制的酒吧夜生活中学会慢生活，开始回到家庭、重视亲情、重视友好的人际交往与生活情趣，也因此对家庭的家具以及各种饰品和器具有了更多的想法与追求，于是融合趣味的设计特别受到欢迎，人们希望有更多款式和个性产品可以选择。

另外，可持续发展成为消费者关注的焦点。人们像希望食品安全一样希望家具也是无毒无害、可以回收的，而且希望家具也可以是用废弃物或环境友好材料制成的。很多设计师都成了这一理念的实践者和创造者，不仅更多地应用天然材料进行合理巧妙搭配，而且也在废弃物的再利用设计方面有很多令人耳目一新的好设计。

二、强调反差

强调反差，是强调一种令人惊讶的设计反差。新材料与独特的造型让我们用全新的方式看物体，如通过材料的变化体现软硬与弹性，用仿生蜂窝结构与编织造型增强家具表面的立体感，或者采用流动柔软的造型与冷漠刚硬的配件结合产生奇异的反差（见图1-7）。例如，荷兰设计师 Mieke Meijer 与荷兰设计工作室 Vij5 合作设计了 "Newspaper Wood"（报纸木材），这个设计是对传统纸张生产的颠覆——他们抛弃了以往人们用木材造纸的做法，而是用另一种截然不同的方式来制作木材。设计师们将多余的报纸收集起来，将它们分层叠放，并制作出木纹或年轮效果，让报纸木材与真正的木材十分相似。这种报纸木材可以切削、打磨或粉碎，任何处理真正木材的手段都可以用来处理这种材料。

三、设计心理

设计师与消费者不再是对立的关系，也不再是主动与被动的关系，而是随着时代的发展越来越密切的关系。由此引发的由设计师和消费者共同完成的设计应运而生：设计师在设计产品的时候有意进行"不完全"的设计，这样可以给消费者发挥创意的空间，消费者可以根据自己的想法和具体环境，与设计师共同来完成设计。

四、观念转换

观念转换是指设计师转换其设计理念，打破常规，对传统的家具形式给予颠覆、给予革命，或用很简单的方式解决问题，或用新手法设计旧的东西。之所以要转换观念，是因为人们希望通过设计探索设计的本质，寻找更适合这个时代所需要的生活方式，用新的视角看世界、看自然、看生活，用新的设计给人冲击力和不同凡响的新思维，让人体验不同以往的生活。而这种转换更多是凭借对材料的把玩和试验而获得的。

　　未来的家居设计会在材料的运用上另辟蹊径，使得家具产品的内涵被进一步深化。例如，某户外品牌就推出一款全新研制的仿木材新材料，据说这种材料经过十年的研制，具有木材的外观，同时也可以抵御户外的强光暴雨。意大利家具成为今天世界家具设计的引领者，就是得益于 20 世纪 50 年代其将塑胶材质应用于家具的突破性试验，移开了横在国际风格严肃的功能主义面前的障碍，创出了一条新的美学途径，形成了造型更为自由流畅的家具设计趋向。

五、民族化

　　每个民族，由于不同的自然条件和社会条件的制约，必然形成自己独特的文化。所谓设计的民族化，就是设计对民族精神的继承、发扬、运用和创新。正如中国的明式家具（见图 1-8）以其简练、挺拔的优美造型和超凡脱俗的人文气质著称于世，丹麦韦格纳以其在设计中吸取了明式家具的造型语言，并将之融入北欧现代家具的设计创造之中，创造出一批具有中国明式家具韵味并符合现代审美的座椅而闻名于世。

图 1-7　家具中柔软与刚硬的反差

图 1-8　明式家具

六、追求和谐

　　和谐，代表着世界重新回归平衡。不管个人还是团体，都在追求宁静和谐。例如，设计简单的角度、应用圆弧造型、偏好天然材料、采用自然花卉主题（见图 1-9）、喜好手工编织或针织产品，在色彩方面都还是以白色为最重要的基底色，因为白色可以与任何其他色彩搭配，再通过抱枕、饰品、窗帘与壁纸等来调和颜色，或再配以温暖的黄色、红色或浅棕色色系，可满足不同的喜好。单件的编制类产品目前以深蓝色系到薄荷色系的自然色调最受欢迎。另外，20 世纪 70 年代复古风的橙色与苹果绿的使用也重新兴起。

　　总之，面对今天这个时代、这种机遇，依靠自己做出自己的东西——自己文化的东西、自己生活的东西、自己思想的东西，找回自己，重塑中国设计，才是我们最要去做的事情。

图 1-9　花卉主题家具

JIAJU YU CHENSHE SHEJI

第 2 章

家具发展简史

第1节　中国传统家具的演变历程

　　中国是具有近五千年文明历史的泱泱大国，中国传统家具犹如一部由木头构创的绚丽诗篇，自成体系，具有强烈的民族风格和悠久的历史，其发展随着社会化的进程经历了多层次的变革。中国历代家具的特质不仅仅在于它通过各历史时期的演变，完善其服务于人类的使用价值，同时还在于其凝聚出特定环境里形成的不同的艺术风格。

　　家具是和人们生活息息相关的实用工艺美术用品，在不同的历史时期有不同的习俗，因而生产出不同风格的家具。随着我国历史长河中社会经济、文化的发展，家具也同样在漫长的历史变迁中发展变化着。我国的起居方式自古至今可分为"席地而坐"和"垂足而坐"两大时期。下面我们就起居方式的变化看家具的演变过程。

一、"席地而坐"的前期家具

1. 商周时期的家具

　　人类脱离洞穴生活后，经历了一个相当长的部落纷争、城邦混战的徘徊时期，然后进入了商周时期。从现有的出土文物中可以看到当时高超的铸造技术和独特的审美趣味。礼器是这一时期重要的器物，其中也有一部分器物可视为早期的家具。

　　"席地而坐"包括跪坐，可追溯到公元前17世纪的商代，距今已3000多年。商代灿烂的青铜文化反映出当时家具已在人们生活中占有一定地位。

　　根据甲骨文"席""宿"等字的形状及现存的出土青铜器可知，当时家具已在人们生活中占有一定的地位，当时室内铺席，人们习惯"席地跪坐""席下垫以筵"。商代的家具有切肉用的俎（见图2-1）和放酒用的"禁"，还有床、案，到了周代又增有凭靠的几和屏风、衣架等。此外，在家具及青铜器上还铸有兽面纹（见图2-2）、夔纹、云雷纹等精美的雕饰图案。

2. 春秋战国、秦时期的家具

　　春秋时期是奴隶社会走向封建社会的变革时期，奴隶社会走向崩溃，整个社会向封建社会过渡，到战国时期生产力水平大有提高，人们的生存环境也相应地得到改善，铁工具出现并得到普遍应用，为榫卯、花纹雕刻等复杂工艺提供了有利条件。与前代相比，家具的制造水平有很大提高。当时大兴土木，建造宫苑、高台建筑，使工艺技术得到了很大的

图 2-1　商代青铜板式俎　　　　　　　　　　图 2-2　兽面纹图案

提高。春秋时期还出现了著名匠师鲁班，相传他发明了钻刨、曲尺和墨斗等。人们在室内虽仍保持席地跪坐的习惯，但家具的制造和种类已有很大发展。这个时期使用的家具以床为主，还出现了漆绘的几、案、凭靠类，如河南信阳出土的漆俎，周围绕以栏杆的大床，绘有龙纹、凤纹、云纹、涡纹或在木面上进行雕刻的木几等。它反映了当时家具制作及髹漆技术的水平已相当高超。燕尾榫、凹凸榫、割肩榫等木制结构也在当时的家具上广泛运用。（见图 2-3 和图 2-4）

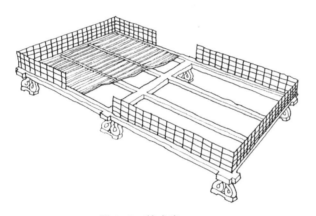

图 2-3　楚式床　　　　　　　　　　　　　　图 2-4　漆几

3. 两汉、三国时期的家具

西汉建立了比秦更大疆域的封建帝国，并开辟了通往西域的贸易通道，促进了与西域诸国的文化交流，也使商业经济不断发展，扩大了城镇建设，增加了许多新的城市。经济的繁荣对人们的生活产生巨大影响。

汉代、三国时期，家具的类型又在春秋战国时期的基础上发展了床、榻、几、案、屏风（见图 2-5）、柜、箱和衣架等。床与榻略有不同，床高于榻，比榻宽些。设置于床上的帐幔也有重要作用，夏日避蚊虫，冬日御风寒，同时起到美化的作用，也是显示身份、财富的标志。几在汉代是等级制度的象征，皇帝用玉几，公侯用木几或竹几。几置于床前，在生活起居中起着重要作用。案的作用也相当大，上至天子、下至百姓都用案作为饮食用桌，也用来放置竹简、伏案写作，如图 2-6 所示。

到东汉末期，西域的胡床传入中原，仅做战争和狩猎时的必备家具。这一时期，装饰纹样增加了绳纹，齿纹，三角形、菱形、波形等几何纹样以及植物纹样。

图 2-5　东汉墓出土玉座屏　　　　　　　　　图 2-6　汉代漆案

二、过渡时期的家具

1. 两晋、南北朝时期的家具

魏晋南北朝是中国历史上的一次民族大融合时期，各民族之间文化、经济的交流对家具的发展起了促进作用。"席地而坐"是魏晋以前人们固有的习惯，从东汉时期开始，随着各民族之间的交流，新的生活方式传入，"垂足而坐"的形式更方便、舒适，为国人所接受。此时的家具便由矮向高发展，品种不断增加，造型和结构也更趋丰富完善。各种形式的高坐具开始出现，床、榻也开始增高加大，人们可坐于榻上，也可垂足坐于榻沿。床上部加床顶，四旁围置可拆卸矮屏，下部多以壸门为装饰。

遗憾的是，当时家具的实物无法流传，只能参考同时期的壁画、石刻、文字记载或其他工艺品的仿制品，如图 2-7、图 2-8 所示。随着佛教的传入，装饰纹样出现了火焰、莲花纹、卷草纹、缨络、飞天、狮子、金翅鸟等。

图 2-7　东晋顾恺之《女史箴图》　　　　　　图 2-8　北齐杨子华《北齐校书图》

2. 隋、唐、五代时期的家具

隋、唐时期是中国封建社会发展的顶峰，隋统一中国后开凿贯通南北的大运河，促进了南北地区的物产与文化交流，使农业、手工业生产得到极大的发展，也带动了商业与文化艺术的发展。唐初实行均田制和租庸调法，兴修水利、扩大农田，使农业、手工业、商业日益发达，对外贸易也远通到日本、印度等地，唐代的经济得到发展，国际文化交流日益频繁。这个时期思想文化领域十分活跃、繁荣，各个方面都得到空前发展。这一切大大地促进了家具制造业的发展。唐代正处于两种起居方式交替阶段，"垂足而坐"的方式由上层阶级开始逐渐遍及全国，与"席地而坐"的习惯同时存在，出现了高低型家具并用的局面。家具的品种和样式大为增加，坐具出现长凳、腰圆墩、靠背椅和圈椅，同时顶帐屏床、凹形床、鼓架、烛台、柜、箱、座屏、可折叠的围屏等类型的新型家具也越来越合理实用，尺寸也与人体的比例相协调。装饰纹样有变形的各种壶门装饰，有莲瓣、回纹、连珠纹、流苏纹、火焰纹等。

由于国际贸易发达，唐代的家具所用的材料已非常广泛，有紫檀、黄杨木等，此外还应用了竹藤等材料。唐代家具造型已达到简明、朴素大方的境地，工艺技术有了极大的发展和提高，如桌椅构件有的做成圆形，线条也趋于柔和流畅，为后代各种家具类型的形成奠定了基础，如图2-9所示。

晚唐至五代，士大夫和名门望族们以追求豪华奢侈的生活为时尚，许多重大宴请社交活动都会由绘画高手加以记录，这给我们研究、考察当时人们的生活环境提供了极为可靠的形象资料。五代画家顾闳中的《韩熙载夜宴图》就是个很好的例子，它的画面向我们展示了五代时期家具的使用情况，如图2-10所示。

图2-9　《唐人宫乐图》　　　　　　　图2-10　顾闳中《韩熙载夜宴图》

三、"垂足而坐"的后期家具

1. 两宋、元时期的家具

宋代北方辽、金不断入侵，连年战争，形成两宋与辽金的对峙局面，但在经济文化方面，宋代仍居于领先地位。北宋初期扩大耕地面积、兴修水利，手工业、商业、国际贸易仍很活跃。由于中国木结构建筑的特点，宋代手工业分工更加细密，工艺技术和生产工具更加进步。

"垂足而坐"的起居方式在两宋时期相当普遍，一大批新的家具持续不断地出现。这一时期是我国高型家具的大发展时期。桌、椅、凳、床框、折屏、带托泥大案等高型家具十分普遍，很多新制型的家具如高几等开始出现，专为私塾制作的童椅、凳、案等儿童家具（见图2-11）在私办学堂中普及开来。

在家具结构上突出的变化是梁柱式的框架结构代替了隋唐时期流行的箱形壶门结构。这些变化使家具结构更趋合理，为明清家具的进一步发展奠定了基础。

相对而言，元代立国时间比较短，统治者采用的政策是汉制，所以，不仅在政治、经济体制上沿袭宋、辽、金各代，家具方面亦秉承宋制，工艺技术和造型设计上都没有大的改变，家具在宋、辽的基础上缓慢发展。元代匠师在承具上做了两种尝试。一种是桌面不探出的方桌。其形象见于冯道真墓壁画，高束腰，桌面不伸出。但这种家具工艺比较复杂，没有在明代延续下来。另一种是抽屉桌，如山西文水县北峪口元墓壁画（见图 2-12）所记录，为明代所继承，沿用至清。

图 2-11　北宋苏汉臣《秋庭戏婴图》　　　图 2-12　山西北峪口元墓东北壁备酒图

2. 明代的家具

明太祖于公元 1368 年建立了明朝。明初兴修水利，鼓励垦荒，使遭到游牧民族破坏的农业生产迅速恢复和发展。随之手工业、商业也很快得到发展，国际贸易远通到朝鲜、日本等地。至明中叶，由于生产力的提高、商品经济的发展、手工业者和自由商人的增加，资本主义萌芽曾经出现，也由于经济繁荣，当时的建筑、冶炼、纺织、造船、陶瓷等手工业均达到相当高的水平。明末还出现了一部建造园林的著作——《园冶》，它总结了造园艺术经验。明代家具也随着园林建筑的大量兴建而得到巨大的发展。当时的家具配置与建筑有了更紧密的联系，在厅堂、书斋、卧室等有了成套家具的概念，一般在建造房屋时就根据建筑物的进深、开间和使用要求考虑家具的种类、式样、尺度等成套配置。明代家具还夹杂着文人化的意趣，文人已参与了家具的设计，这又是前朝后代的家具所无法拥有的优势。

从家具发展的演变过程来看，明代至清初（14 世纪末至 18 世纪初）的家具以它造型简洁、素雅端庄、比例适度、线条挺秀舒展、不施过多装饰等特点，形成了一种独特的风格，博得了人们的赞赏和珍视，习惯上把这一历史时期的家具统称为"明式家具"。明式家具无论从当时的制作工艺，还是从艺术造诣来看，都达到了很高的水平，取得了极大的成就：明式家具选材考究，用材合理；明式家具结构严谨，做工精细，造型优美多样；明式家具尺寸比例关系协调合理，体现出了一种简朴素雕、秀丽端庄、韵度浓郁、刚柔相济的独特风格。

　　明式家具使用的木材也极为丰富。郑和七下南洋，加强了我国与东南亚各国之间的贸易往来，也使这些地区盛产的优质木材如黄花梨、紫檀、鸡翅木、楠木等供应充足。明式家具多采用这些硬质树种，所以又称硬木家具。在制作家具时充分显示木纹纹理和天然色泽，不加油漆涂饰，这是明式家具的一大特色。

　　明式家具品类繁多，可粗略划分成六大类，即椅凳类、桌案类、柜橱类、床榻类、台架类、屏座类，部分如图 2-13 所示。

图 2-13　明式家具品类

3. 清代的家具

　　清朝建立以后，对手工业和商业采取各种压抑政策，限制商品流通，禁止对外贸易，致使明代发展起来的资本主义萌芽受到摧残。尽管如此，家具制造在清代仍大放异彩，达到我国古典家具发展的高峰。我国研究古典家具的专家王世襄先生讲过，明代和清前期（乾隆以前）是传统家具的黄金时代。这一时期苏州、扬州、广州、宁波等地成为家具制作的中心。各地家具形成不同的地方特色，依其生产地分为苏作、广作、京作等。苏作大体继承明式特点，不求过多装饰，重凿和磨工，制作者多为惠州、海丰艺人；京作的结构镂空用弓，重蜡工，制作者多为冀州艺人。清代乾隆以后的家具，风格大变，在统治阶级的宫廷、府第，家具已成为室内设计的重要组成部分。

　　清代家具在造型上，突出强调稳定、厚重的雄伟气度；在装饰内容上，追求烦琐，利用陶瓷、珐琅、玉石、象牙、贝壳等做镶嵌装饰，大量采用寓意丰富的吉祥瑞庆题材，来体现人的生活愿望和幸福追求；在制作手段上，汇集了雕、嵌、描、绘、堆漆、剔犀等高超技艺，镂镂雕刻巧夺天工；在品种上，在继承明代家具类型的基础上，清代家具还延伸出各种形式的新型家具，如多功能陈列柜、折叠与拆装桌椅等，在故宫内还出现了很多固定家具，与墙体上的飞罩融于一体，这种新制法也是前所未有的。然而，清中后期，家具设计制作者们刻意追求装饰却忽视和破坏了家具的整体形象，失去了比例和色彩的和谐统一。（见图 2-14）

图 2-14　清代家具

第 2 节　外国家具发展史略

在人类社会发展的历史长河中，人类在不断创造物质财富的同时也在不断创造精神文明。家具起源于生活，是劳动人民在长期改造自然的斗争实践中为自己生活创造的一种用具，也是人类文化的一个组成部分，更代表着一个国家和地区的物质文明。家具不但具有悠久的历史，而且随着社会生产的进步、科技的日新月异、生活方式的变化和多样化而不断发展，逐步形成当今世界的重大产业之一。

纵观世界家具的发展，其从产生至今已有 6000 余年的历史。世界各国的家具在其发展过程中因受时代、地域、政治、经济、艺术流派和建筑风格的影响，在造型、色彩、材料和制作技术上都有着显著的差别，从而形成了各自独特的风格。因此，研究家具历史应结合建筑风格、社会经济、地域文化等多种因素进行综合考虑。

我们将外国家具史分为六个阶段来阐述。

一、古代家具

1. 古埃及家具

西方古代家具以古埃及家具为开端，古埃及家具的起源可追溯至古埃及第三王朝（约公元前 2686—前 2613 年）。在古埃及第十八王朝图坦卡蒙法老的陵墓中，已有了十分精致的床、椅和宝石箱等家具。这些家具造型严谨工整，脚部采用模仿兽腿、牛蹄、狮爪、鸭嘴等形式的雕刻装饰，家具表面经过油漆和彩绘，或用彩釉陶片、石片、螺钿和象牙做镶嵌装饰，纹样多取材于尼罗河畔常见的动植物，或用象形文字和几何形纹样做装饰。古埃及家具的用料多为硬木，座面用皮革和亚麻绳等材料制作，结构方式有燕尾榫和竹钉，可见古埃及的木工技术已达到一定水平。

古埃及的贵族们从一开始就使用椅了和凳子，在室内过着"垂足而坐"式的生活，因此椅子被看成是古埃及宫廷权威的象征，是当时家具种类中最重要的品种。古埃及家具的造型遵循着严格的对称规则，华贵中显威仪，拘谨中有动感，充分体现了使用者权势的大小和其社会地位的高低，如图2-15所示。

古埃及家具尤其是宫廷家具对装饰性的强调超过了实用性，其装饰手法丰富，雕刻技艺高超。古埃及家具常用金、银、象牙、宝石、乌木等作为装饰。桌、椅、床的腿常雕成兽腿、牛蹄、狮爪、鸭嘴等形式。装饰纹样多为莲花、芦苇、鹰、羊、蛇、甲虫等形式。家具的木工技艺也达到一定的水平，已出现较完善的裁口榫接合结构，镶嵌技术也相当成熟。

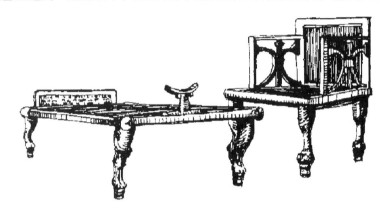

图2-15　古埃及家具

2. 古西亚家具（公元前10世纪—前5世纪）

古西亚时的家具已有座椅、供桌、卧榻等，其主要的装饰方法仍是浮雕和镶嵌。涡形图案得到普遍使用，这种图案在古埃及家具中很难见到。在家具立腿的下脚底端出现了倒置的松果形，证明当时已经有旋木的出现。家具的坐垫上经常有装饰的丝穗，各种装饰图案显现出华丽的风采，具有浓厚的东方装饰特点。其代表作品有亚述王森那凯里布用椅（见图2-16）及阿瑟巴尼帕尔宴会图所展示的床、椅（见图2-17）等。

图2-16　森那凯里布用椅

图2-17　阿瑟巴尼帕尔宴会图

3. 古希腊家具（公元前 7 世纪—前 1 世纪）

古希腊最经典的家具出现在古典时代，绝大多数是公元前 6 世纪至公元前 5 世纪的作品。古希腊时代的家具设计摒弃了古埃及造型中的刻板，反映古希腊人对形式美的追求。古希腊家具的魅力在于平民化的特点，其造型适合人类生活的要求，具有简洁、实用、典雅等众多优点，功能与形式统一，体现出自由、活泼的气质，立足于实用性而不过分追求装饰，具有比例适宜、线条简洁流畅、造型轻巧的特点，尤其是座椅的造型更加优美舒适。家具的腿部常采用建筑的柱式造型并采用旋木技术，推进了家具艺术的发展。古希腊家具常以蓝色做底色，表面彩绘忍冬叶、月桂、葡萄等装饰纹样，并用象牙、玳瑁、金、银等材料镶嵌。其代表作品有克里斯莫斯椅（见图 2-18）、克里奈躺椅（见图 2-19）等。

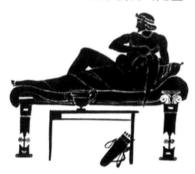

图 2-18　克里斯莫斯椅　　　　图 2-19　克里奈躺椅

4. 古罗马家具（公元前 5 世纪—公元 5 世纪）

古罗马在建立和统治庞大国家的过程中，吸收了之前众多古文明的成就，并在此基础上创建了自己的文明。古罗马家具在古希腊家具文化的艺术基础上发展而来。在罗马共和国时代，上层社会住宅中没有大量设置家具的习惯，因此家具实物不多。从帝政时代开始，上层社会逐渐普及各种家具，并使用一些昂贵的材料。古罗马家具为了迎合当时人们的奢华欲望和自尊感，大多追求华丽的装饰和威严的造型。

尽管在造型和装饰上受到古希腊家具的影响，古罗马家具仍具有古罗马帝国特有的坚厚、凝重的风格。古希腊家具素以轻快、爽利见长，而古罗马家具则以坚实、呆滞为重。古罗马家具上雕刻精细，特别是出现了模铸的人物和植物图饰；兽足形的家具立腿较古埃及的更为敦实，旋木细工的特征明显体现在多次重复的深沟槽设计上；常用的纹样有雄鹰、带翼的狮、胜利女神、桂冠、卷草等，如图 2-20 所示。现在所见的这一时期的座椅、桌、卧榻等家具实物均是由青铜或大理石制作的。

图 2-20　古罗马家具

二、中世纪家具

1. 拜占庭家具（公元 328—1005 年）

公元 395 年，以邪教为国教的罗马帝国分为东罗马帝国和西罗马帝国，历史上称东罗马帝国为拜占庭帝国，其统治延续到 15 世纪。拜占庭家具继承了古罗马家具的形式，并融合了古西亚和古埃及的艺术风格及波斯的细部装饰，以雕刻和镶嵌最为多见。装饰手法上常模仿古罗马建筑的拱券形式，节奏感很强，镶嵌常用象牙和金、银。装饰纹样以花叶饰与象征基督教的十字架、花冠、圈环及狮、马等纹样结合为基本特征，具有东方风格，如图 2-21 所示。

图 2-21　拜占庭家具

2. 仿罗马家具（10 世纪—13 世纪）

公元 5 世纪西罗马帝国灭亡，来自北方和东方的日耳曼等游牧民族部落摧毁了古罗马的奴隶制度，发展到 10 世纪，已建立了稳定的封建制度。史学家把在 11 世纪至 12 世纪宗教热潮中发展起来的以建筑为主体的艺术统称为仿罗马艺术。仿罗马家具是仿罗马式建筑的缩影，主要特征是在造型和装饰上模仿古罗马建筑的拱券等式样，同时还有旋木技术的模仿应用，被看作后来温莎式家具的基础。装饰题材有几何纹样、编织纹样、卷草、十字架、天使和狮子等。这一时期家具代表作品有全部用旋木制作的仿罗马式扶手椅、山顶形衣柜等，如图 2-22 所示。

3. 哥特式家具（12 世纪—16 世纪）

翻开欧洲的历史，不难发现"哥特"这个词由来已久。哥特式设计风格最早被应用在建筑设计上，采用这种风格的建筑被称为哥特式建筑。哥特式家具受到哥特式建筑的影响，多为当时的封建贵族及教会服务，其家具造型和装饰特征完全是以基督教的政教思想为中心，旨在让人产生腾空向上、与上帝同在的幻觉，造型语义上则在于推崇神权的至高无上，期望令人产生惊奇和神秘的情感。哥特式家具造型采用尖顶、尖拱、细柱、垂饰罩、浅雕或透雕的镶板装饰，给人以刚直、挺拔、向上的感觉，这与仿罗马家具厚实的风格截然不同。哥特式家具的艺术风格还在于精致的雕刻上，家具几乎每一处平面空间都被有规律地划分成矩形，矩形内布满了藤蔓、花叶、根茎和几何图案的浮雕，这些装饰题材几乎都取自基督教圣经的内容，如图 2-23 所示。

图 2-22　仿罗马家具　　　　　　　　　　图 2-23　哥特式家具

三、近世纪家具

1. 文艺复兴式家具（14 世纪—16 世纪）

文艺复兴起源于 14 世纪末期的意大利，它承载着各种特征，是盛极一时的文化运动。意大利文艺复兴时期的家具讲究以成套的形式出现于室内，十分讲究装饰，多不露结构部件而强调表面雕饰，多运用细致描绘的手法，具有丰裕华丽的效果。这一时期的家具外观厚重、线条粗犷。由于当时人们追求舒适生活，喜欢采用古代建筑式样的柱廊、门廊、山形檐帽、女神像柱等作为装饰，因此家具表面常施以很硬的石膏花饰，并贴上金箔，有的还在金底上彩绘，有的则用不同色彩的木材镶成各种图案，以增加装饰效果。到 16 世纪，盛行用抛光大理石、玻璃、玳瑁、青金石和银等材料镶嵌成花饰。

受文艺复兴思潮的影响，文艺复兴时期的西方家具在哥特式家具的基础上吸收了古希腊、古罗马家具的特点，在结构上改变了中世纪家具全封闭式的框架嵌板形式。椅子下半部分全部敞开，在各类家具的立柱上采用了花瓶式的旋木装饰。箱柜类家具有檐板、檐柱和台座，比例良好和谐。装饰题材上消除了中世纪家具的宗教色彩，在装饰手法上更多地赋予人情味，如图 2-24 所示。

图 2-24　文艺复兴式家具

这一时期家具的主要代表有严谨、华丽的意大利文艺复兴式家具，纤细的法国文艺复兴式家具，刚劲、质朴的英国文艺复兴式家具，稳重、挺拔的德国文艺复兴式家具，简洁、单纯的西班牙文艺复兴式家具等。

2. 巴洛克式家具（17世纪—18世纪初）

"巴洛克"一词的原意是奇异古怪，古典主义者用它来称呼一种被认为是离经叛道的建筑风格。巴洛克艺术的开始是以意大利的罗马为中心，继而传向西班牙、德国、法国和英国。巴洛克艺术盛行是在1620年间，它是文艺复兴到兴盛的必然产物。巴洛克风格可以说是文艺复兴风格的延续和变形，虽然继承了文艺复兴时期确立起来的错觉主义再现传统，但却抛弃了单纯、和谐、稳重的古典风范，追求一种繁复夸张、富丽堂皇、气势宏大、富于动感的艺术境界。巴洛克风格以浪漫主义作为形式设计的出发点，运用多变的曲面及线型，追求宏伟、生动、热情、奔放的艺术效果，而摒弃了古典主义造型艺术上的刚劲、挺拔、肃穆、古板的遗风。文艺复兴时期的艺术风格是理智的，从严肃端正的表面上强调静止的高雅；而巴洛克艺术风格则是浪漫的，以秀丽委婉的造型表现出运动中的抒情趣味。

巴洛克式家具的装饰图案十分丰富，比较常见的有涡卷饰、大形叶饰旋涡、螺旋纹、纹带、"C"形旋涡、纹章、小天使、美人鱼、海马、叶翼和花环等，如图2-25所示。

图2-25　巴洛克式家具

3. 洛可可式家具（18世纪初—18世纪中期）

洛可可式家具创造了一个美妙的古董时代，它宛如中国的明式家具，以流畅的线条和唯美的造型著称，将最优美的形式与尽可能舒适的效果灵巧地结合在一起。洛可可式家具采用回旋曲折的壳形曲线和精细纤巧的雕饰，带有女性的柔美、秀气和高雅，体现了韵律美。洛可可式家具排除了巴洛克式家具造型装饰中追求豪华、故作宏伟的成分，吸收并夸大了曲面多变的流动感。路易十五式的靠背椅和安乐椅（见图2-26）就是洛可可式家具的典范。

图2-26　洛可可式家具

洛可可式家具的装饰特点是在青白色的基调上镂以优美的曲线雕刻，通过金色涂饰或彩绘展示美丽纹理。雕刻装饰图案主要有狮、羊、猫爪（脚）、"C"形、"5"形、涡卷形的曲线、花叶边饰、齿边饰、叶蔓与矛形图案、玫瑰花、海豚、旋涡纹等。

4.新古典式家具

新古典式家具的主要特征为做工考究，造型精炼而朴素，以直线为基调，不做过密的细部雕饰，以方形为主体，追求整体比例的和谐与呼应；注意理性，讲究节制，避免繁杂的雕刻和矫揉造作的堆砌。家具的腿脚大多是上大下小且带有装饰凹槽的车木件圆柱或方柱；椅背多为规则的方形、椭圆形或盾形，内镶简洁而雅致的透空花板或包蒙绣花天鹅绒与锦缎软垫，如图 2-27 所示。

图 2-27　新古典式家具

法国的路易十六式和英国的亚当式、赫普尔怀特式、谢拉顿式是欧洲新古典式家具中最优美的形式，是设计史上继承和发扬古典艺术的典范。与其相反，法国的帝政式家具只是生拼硬凑地模仿，成为古代家具的翻版，因而这种风格也是有史以来国际影响最小的一种风格。

四、近现代家具（1850—1914 年）

1.索耐特曲木家具

迈克尔·索耐特 (Michael Thonet，1796—1871 年) 生于莱茵河畔博帕德的工匠之家，1830 年左右开始研究曲木技术。经过近十年的技术改革，索耐特终于从实践中摸索出一套制造曲木家具的生产技术。索耐特经过研究发明的外加金属带使中性层外移的曲木方法现仍用在很多曲木机上，并被称为"索耐特法"。索耐特曲木家具如图 2-28 所示。

图 2-28　索耐特曲木家具

2. 工艺美术运动

19 世纪下半叶，威廉·莫里斯（William Morris，1834—1896 年）在英国倡导了工艺美术运动。这一运动的基本思想在于改革过去的装饰艺术，反对大规模工业化生产廉价产品来满足人们的需要，强调手工艺生产及设计面向大众，因而它是家具从古典装饰走向工业设计的第一步。莫里斯认为，家具的形式、外貌必须合乎真实和发挥个性的特点，他竭力反对全部用机器来制造产品，提倡艺术与技术相结合的原则，开创真实自然的风格。他成立了世界第一家设计事务所，自行设计、生产、销售装饰精美、格调高雅的家具、织物、陶瓷、玻璃以及金属产品。由于工艺美术运动的本质是排斥走工业化生产的道路，而社会却不可能放弃工业化生产的经济性去换得莫里斯所谓的美和超然的理想，但这一运动仍具有深远意义。这一时期家具代表作品为可调节靠背倾斜度的莫里斯椅，如图 2-29 所示。

3. 新艺术运动

新艺术运动是 1895 年由法国兴起、1905 年结束的一场波及整个欧洲的艺术革新运动，它致力于寻求一种丝毫不从属于过去的新风格，以表现自然形态的曲线作为家具的装饰风格，并以此来摆脱古典形式的束缚。其主要代表人物有法国的赫克托·吉马德（Hector Guimard，1867—1942 年）、比利时的亨利·凡·得·维尔德（Henry Van de Velde，1863—1957 年）、英国的查尔斯·麦金托什（Charles MacKintosh，1888—1928 年）以及西班牙的安东尼奥·高迪（Antonio Gaudi，1852—1926 年）等。由于新艺术运动主张的是以装饰为重点的个人浪漫主义艺术，忽略了家具的实用性，又在结构上产生了不合理的地方，而且价格昂贵，很快这种风格便结束了。新艺术运动风格椅子如图 2-30 所示。

图 2-29　莫里斯椅　　　　　　　　　　图 2-30　新艺术运动风格椅子

4. 德意志制造联盟

由德国建筑师赫尔曼·穆特修斯（Hermann Muthesius，1861—1927 年）倡议，德意志制造联盟于 1907 年 10 月在慕尼黑成立了。穆特修斯曾到过伦敦，因而受到莫里斯及工艺美术运动的深刻影响。作为德国第一个设计组织，德意志制造联盟是德国现代主义设计的基石，在理论与实践上都为现代设计运动（包括家具设计）的兴起和发展奠定了基础。

五、现代家具的形成（1914—1945 年）

1. 风格派

1917年，荷兰的一些青年艺术家聚集在莱顿市，组成一个名为"风格"的造型艺术团体，被称为风格派。由于受立体主义和未来派的影响，它强调纯粹造型的表现。风格派主张采用纯净的立方体、几何形及垂直或水平的面来塑造形象，反对用曲线，色彩则选用红、黄、蓝原色。其代表作品有里特维尔德设计的红蓝椅，椅子上运用了鲜明的原色，以强调抽象的感受和量感，含有一种雕塑的形式美。这件家具是由螺丝钉装配而成的，形式简洁，在视觉上也显得十分轻巧，并且便于机械加工和大量生产。风格派的这些设计特点对现代家具的影响是很大的，红蓝椅也是近代家具的代表作。里特维尔德的另一件作品是"Z"形椅。红蓝椅和"Z"形椅如图 2-31 所示。

2. 包豪斯风格

包豪斯起源于 20 世纪初，是现代主义建筑和设计的开端，也是纯粹而诚实的设计理念的复兴。德国的公立包豪斯学校创造了一套以功能、技术和经济为主的新创造方法和教学法，主张从功能的观点出发，着重发挥技术与结构本身的形式美，并且认为形式是设计的结果，而不是设计的出发点，要物尽其用，秉持考虑实际生活需要的设计理念。包豪斯风格作品大都以简洁抽象的造型为主，完全不受历史风格的影响，致力于形式、材料和工艺技术的统一。包豪斯学校是现代设计教育的摇篮，它完善了现代主义设计理论和教育体系，培养并影响了许多设计师。包豪斯风格代表作品有马塞尔·布鲁尔（Marcel Breuer，1902—1981 年）设计的由不锈钢管制成的瓦西里椅（见图 2-32）、悬挑休闲椅等。

图 2-31　红蓝椅和"Z"形椅　　　　　　　　图 2-32　瓦西里椅

3. 阿尔瓦·阿尔托

芬兰设计师阿尔瓦·阿尔托（Alvar Aalto，1898—1976 年）是 20 世纪最伟大的建筑大师和设计大师，他的设计充满理性但不呆板，简洁实用的设计既满足了现代化生产的要求，又继承了传统手工艺精致典雅的特点。阿尔托的作品明显地反映出他受到芬兰环境影响的痕迹，善于将自然景色加以视觉抽象并反映在设计中，如他为自己早期成名建筑作品帕米奥疗养院设计的帕米奥椅，如图 2-33 所示。他还致力于研究木材层压和弯曲技术在家具设计上的应用，设计了各种热压弯曲的胶合板椅子。阿尔托 1930 年创建阿泰克公司，专门生产他自己设计的家具、灯具和其他日用品。

图 2-33　帕米奥椅

4. 勒·柯布西埃

出生于瑞士的勒·柯布西埃（Le Corbusier，1887—1965 年）是 20 世纪最有影响力、最具创新精神的建筑设计大师。他特别强调机器美学，完全摒弃了传统建筑过度装饰的设计手法，创造了全新的现代建筑设计理念，提出"新建筑五项原则"：室内空间不受限制（自由运用的墙）；开放的平屋顶；宽大连续的玻璃窗；自由的立面；底层架空结构。他的这种观点也影响到他设计的大量家具作品。他设计家具更看重功能，并充分考虑到人体工程学的要求，造型也十分优美，代表作品有 1927 年设计的角度可自由调节的牧童椅（见图 2-34）、1929 年设计的平衡椅等。

5. 密斯·凡·德·罗

路德维希·密斯·凡·德·罗（Ludwig Mies Van der Rohe，1886—1969 年）出生于德国，与格罗皮厄斯、勒·柯布西埃、赖特一起被列为 20 世纪现代建筑的四大元老。1928 年，密斯提出了"少就是多"的处理原则，即以全面空间、纯净形式、模数构图为设计方法，称为"密斯风格"。1926 年他设计了第一把悬挑式钢管椅，1929 年他受邀设计巴塞罗那博览会中的德国馆，著名的巴塞罗那椅由此诞生，如图 2-35 所示。密斯的家具体现了他的"当技术实现了它的真正使命就升华为艺术"这一艺术与技术统一的思想。

图 2-34　牧童椅

图 2-35　巴塞罗那椅

六、现代家具的发展（1945 年至今）

1. 北欧现代家具

两次世界大战期间，地处北欧的丹麦、瑞典、芬兰、挪威等国家在设计领域中迅速崛起，取得了令人瞩目的成就，形成了影响十分广泛的北欧风格。典型作品有丹麦韦格纳设计的椅子（见图2-36）、芬兰库卡波罗设计的椅子（见图2-37）等。北欧风格的家具敦实而舒适、简洁，造型别致，做工精细，喜好纯色，体现出对传统的尊重、对自然材料的欣赏、对形式和装饰的克制，力求在形式和功能上统一，并融入斯堪的纳维亚地区的特色，形成了以自然简约为主的独特风格。

为何北欧风格会与其他的欧洲国家风格有那么大的不同？我们不得不提杨特定律（Jante's Law）——北欧人重要的基本生活观念与不成文的行为规范，它指的是轻视任何浮夸的举止以及对于物质成就的炫耀。这种观念反映在设计作品中是一种适度呈现的抑制，只吸引必要程度的目光，节制范围内所炼就的美感更易显优雅与简洁的特质。另外，北欧社会人们贫富差距不大，大部分是中产阶级，社会的福利制度相当完善，所以他们的生活方式就体现出平和富足的状态以及大众化的审美倾向。

图 2-36　丹麦韦格纳设计的椅子　　　图 2-37　芬兰库卡波罗设计的椅子

2. 美国现代家具

第二次世界大战期间，大批优秀的欧洲建筑师和设计师为逃避战争来到美国，促进了美国现代设计的发展。自1933年包豪斯宣布解散后，一批主要成员带着现代设计思想的火花，到美国形成了燎原之势，这对于推动美国现代家具发展、使美国家具走向世界起到了巨大的作用。

1923年，芬兰建筑师伊利尔·沙里宁（Eliel Saarinen，1873—1950年）来到美国，并在底特律市郊创办了克兰布鲁克艺术学院（Cranbrook Academy of Art），创建了既具包豪斯特点又有美国风格的新艺术设计体系，克兰布鲁克艺术学院成为美国现代工业设计的摇篮。美国非常有才华的一些青年设计师如伊姆斯、小沙里宁（伊罗·沙里宁，其设计的郁金香椅如图2-38所示）、贝尔托亚等都来自该学院，这些设计师后来成为美国工业设计界的中坚力量。

3. 意大利现代家具

意大利现代家具是在20世纪50年代才发展起来的。它建立在大企业、小作坊、设计师密切协作的基础之上，将现代科学技术与意大利的民族文化融为一体，以优秀的设计和上佳的质量而享誉世界，并形成了以米兰和都灵为首的世界家具设计与制造中心，每年举办的米兰国际家具展吸引了全球的家具企业和设计师，成为家具业的"奥斯卡"。由意大利设计师设计的萨科豆袋椅（见图 2-39）的成功也标示着意大利在当代设计发展中的前沿位置。

4. 法国现代家具

法国的家具曾有过光辉的历史，巴洛克式、洛可可式家具使法国曾一度成为欧洲的家具中心，对世界家具发展有着很大影响。进入 20 世纪 60 年代后，挪威、芬兰、丹麦、瑞典、意大利、德国、美国、日本等国现代工业设计方兴未艾，法国由于设计观念陈旧，相比之下明显落伍。为了转变这种局面，自 20 世纪 80 年代起，法国政府官邸中的古典家具改为现代家具，以示对现代设计的重视和鼓励，扶持现代设计教育，举办设计竞赛。终于，在 20 世纪 80 年代中期，法国家具的现代设计已逐渐达到国际先进水平。法国现代家具如图 2-40 所示。

图 2-38　郁金香椅　图 2-39　萨科豆袋椅　　　　　图 2-40　法国现代家具

5. 日本现代家具

20 世纪 50 年代初至 60 年代末是日本经济的发展初期，其工业设计从模仿欧美产品、进行改良设计着手，以求打开国际设计市场。这个时期的日本家具都有明显的模仿痕迹。20 世纪 70 年代后，日本经济进入繁荣发展的全盛时期，工业设计也得到了极大的发展，由模仿、改良到创造，逐步形成了日本特色的设计风格，日本也成了世界设计大国之一。日本蝴蝶凳如图 2-41 所示。

图 2-41　日本蝴蝶凳

6. 多元化的家具时代风格

（1）高技派（high-tech），亦称重技派。高技派突出当代工业技术成就，并在建筑形体和室内环境设计中加以炫耀，崇尚机械美，在室内暴露梁板、网架等结构构件以及风管、线缆等各种设备和管道，强调工艺技术与时代感（见图2-42）。高技派建筑典型的实例为法国巴黎蓬皮杜国家艺术与文化中心、香港中国银行等。随之演变的高技派家具示例如图2-43所示。

图2-42　高技派设计

图2-43　马内奥·波特设计的金属椅子

（2）波普风格。波普风格家具追求大众化、通俗化的趣味，设计中强调新奇与独特，采用强烈的色彩处理，追求新颖、古怪、稀奇，如图2-44、图2-45所示。

图2-44　艾伦·琼斯设计的椅子

图2-45　彼得·默多克设计的圆斑童椅

（3）后现代主义风格。后现代主义是对现代风格中纯理性主义倾向的批判。后现代主义风格强调建筑及室内装潢应具有历史的延续性，但又不拘泥于传统的逻辑思维方式，应探索创新造型手法，讲究人情味。后现代主义风格建筑常在室内设置夸张、变形的柱式和断裂的拱券，或把古典构件的抽象形式以新的手法组合在一起，即采用非传统的混合、叠加、错位、裂变等手法和象征、隐喻等手段。后现代主义风格家具也具有这些特征，如图2-46、图2-47所示。

图2-46　皮埃尔·波林作品

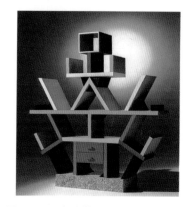

图2-47　索特萨斯设计的卡尔顿书架

JIAJU YU CHENSHE SHEJI

第 3 章

家具造型设计

第 1 节　家具造型元素与形态分析

一、家具造型的设计原则

造型，指创造物体形象。家具造型样式即指创造家具的外在形象，生产工艺决定家具的内在基础。因此，家具的设计主要包括两个方面的含义，一是造型样式的设计，二是生产工艺流程的设计，两者都非常重要。随着社会的进步，人们的审美能力不断提高，家具的造型设计在引领消费时尚、开拓新的家具市场中扮演着重要角色。家具在设计时要求实用、美观、成本低，便于加工与维修。更为重要的是，创新型、艺术型的家具设计能为人们创造更高品质的生活。家具造型设计要达到上述要求，应遵循以下原则。

1. 功能性强

19 世纪美国著名建筑师路易斯·沙利文曾提出"形式追随功能"的观点。他认为，设计应主要追求功能，产品的表现形式随功能而改变，也就是一切都应以实用为主，所有的艺术表现都必须围绕着功能来展开。从当前来看，"形式追随功能"的概念还需要加以限定。其实，"形式追随功能"是一种顺序上的表述，对于家具设计而言，是指每件家具首先要满足使用上的要求，并且有坚固耐用的性能。家具的尺寸大小必须满足人体工程学的要求。例如，我们用的桌椅的高度以及衣柜的高度、展区货架的尺寸都与人体尺寸和使用条件有关。不同种类的单件家具要满足不同的使用要求，并且要让人使用起来方便，要能体现"以人为本"的设计思想。

2. 结构合理

结构是指产品或物体各元素之间的构成与接合方式。结构设计就是在制作产品前，预先规划、确定或选择连接方式、构成形式，并适当地表达出来的全过程。家具结构设计在家具设计中占有相当重要的地位。家具的结构强度直接影响造型以及功能、生产工艺等多个内容。由于使用者的爱好不同，家具产品具有不同的风格类型。不同类型的产品有不同的连接、构成方式；相同的产品也可采用不同的连接方式。家具结构设计也需对这些方面进行考虑，在满足家具结构功能需求的基础上，注意多样化设计。结构是否合理直接影响家具的品质和质量，家具的结构必须适合生产加工。家具不仅是一种产品，也是一种商品，在生产制造、运输、销售过程中，也要考虑到经济成本，尤其在网络购物盛行的时代，好的结构设计会大大方便运输与组装。

3. 绿色设计

绿色设计是 20 世纪 80 年代末出现的一股国际设计潮流。它反映了人们对于现代科技文化所引起的环境及生态破坏的反思，同时也体现了设计师道德和社会责任心的回归。绿色设计思潮的兴起，唤醒了人们的环保意识。好的设计师不仅要设计好的产品，也要考虑到产品结束使用周期后该如何进行优化处理。这就要求设计师在进行家具设计时尽量做到以下三个方面：①提高家具生产过程的环保程度；②家具材料绿色环保；③重视家具的回收再利用。

4. 造型美观

家具作为一种人文性的实用物体，它的造型变化和历史进程同步，每个时代人们的思想、文化、审美、价值观等都能在家具造型上找到"烙印"。衡量家具发展也有不变的因素，如满足使用功能、结构合理、便于加工、满足审美要求等。因此，要将家具的功能、加工工艺、材料用量、成本和外观几个方面的因素有机地结合起来考虑。美观只是家具设计中需要考虑的一个方面，它必须建立在满足使用功能的基础之上。所以，要在满足使用功能、便于加工、省工省料的前提下，充分利用造型艺术手法，做好家具设计。

5. 工艺创新

家具制造发展到今天，部分加工工艺与传统的制作流程相似。从以往家具制造过程来看，复杂的曲线造型制作难度较大，人工成本高，易浪费材料并且会产生失误。当前，家具制造企业竞争激烈，如何使用先进的设备将传统工艺与现代化生活需求结合起来，制作精美、细致、有特色的家具形象，满足现代人的生活、审美需求，成为家具生产企业工艺竞争的重点。而在现代工业化设备帮助下，每个程序分工精细化并衍生出多种再加工程序。以开料配料为例，在手工制作家具时代，工人根据所需木料尺寸，简单地在原料上画线，用木锯锯下直接使用；而在现代工艺中，木料被切割机切割为大小均等的方料，经过拼板、砂光、薄锯、切形等程序，可加工为尺寸一致的几种木料，供工人选择使用。仅砂光环节就要将近十遍，其效果非手工刨光所能比拟。所以，谁先掌握先进的制作工艺，谁便可以在竞争市场中占有商业先机。

6. 满足色彩心理

设计心理学是设计专业必须掌握的一门基础课程，理解和熟悉色彩给人的生理和心理的影响，将有助于家具的色彩设计。人的性别、年龄、职业、民族、国家不同，对色彩的喜好就不同，要避其所忌。家具的色彩设计应最大限度地满足人们的生理和心理需要。

二、家具造型的基本要素

家具造型设计是家具在市场竞争中取得优势的关键因素，它的功能和外观造型直接影响到消费者的购买行为。家具主要通过不同的外观形态、材质肌理、色彩装饰、空间体量等造型要素展现给大众，并运用相应的形式美规律，对家具的形态、质感、色彩和装饰等方面进行综合处理，塑造出理想的家具造型形象。这就需要设计者们了解和掌握造型设计基础，它包括点、线、面、体、色彩、质感和装饰等基本要素。这里就共性规律归纳为四个方面加以论述。

1. 点

几何学意义上的点是线与线的交叉，没有大小和形状的变化，只有位置。"点"可以是一个圆、一个矩形、一个三角形或其他任意形态，只要它与参照物相比显得较小，都可以称之为点。点在人们的视觉中有很强的焦距感。所以，就大小而言，越小的"点"，作为"点"的感觉就越强烈。能不能成为"点"，并不是由它本身的大小所决定的，而是由它和周围元素之间的大小比例所决定的。面积越小的形体越能给人以"点"的感觉；反过来，面积越大的形体就越容易呈现"面"的感觉。这些基于大众主观的感性认识构成了点的内涵。家具中的点如图 3-1 所示。

2. 线

几何学意义上的线是点移动的轨迹，根据点的大小，线在面上就有宽度，在空间中就有粗细。线的粗细是由空间相对关系决定的。点运动方向不同则形成不同性质的直线、折线、曲线；点的运动速度不同则形成不同意向的线。线型不同，立体形态的整体效果表达完全不同。不同形态的线可以引发不同的视觉印象，视觉印象通过视觉与对线条的感觉刺激相联系，与人对周围具体现实的实际认识相关，因此也会给人带来不同的情绪感受。家具的线如图 3-2 所示。

一般而言，直线会传达出静的感觉，曲线则会传达出动态的感觉。直线包括水平线、垂直线、斜线；曲线则包括几何曲线和有机曲线。不同的线表现出不同的内涵与特征：细长直线——纤细、锐利、流畅；粗短直线——厚重、朴实、雄浑、不流畅；水平线——稳定、沉着、冷峻；垂线——端正、挺拔、温暖；斜线——散射、不安定、温暖与冷峻的结合；曲线——活力、动势、自由、丰满。

图 3-1　家具中的点

图 3-2　家具中的线

3. 面

几何学意义上的面是线移动的轨迹。不同的线按特定的方式移动就构成了不同的二维空间的面。面是构成各种可视形态的基本要素。轮廓线的闭合，给人以明确、突出的感觉。

各种不同的线的闭合，构成了各种不同形状、性质的面。

面的量感和体积感在设计中起到稳定的作用。面可用多种方式来表现二维空间中的立体形态，使之产生三维空间感。面的深浅可以起到丰富层次的作用，面与面的组合可以形成比较丰富的肌理效果。面通过层面构成和曲面构成两种方法，从视觉上给人充实感。面本身就具备一定的面积，在一定的范围内可以显现出膨胀感和范围感。面也是艺术家们经常用来展现艺术作品的元素。家具中的面如图3-3所示。

面有平面和曲面两类：平面在空间表现为几何形、有机形、不规则形；曲面在空间表现为几何形和有机形。不同的面具有不同的内涵语意。基本的几何面主要有矩形、圆形、三角形，其他几何面都是在这三类面的基础上派生出来的。几何形给人以有秩序、明朗、端正、简洁的视觉效果；有机形是以自由弧线构成的外形，它不能用数学方法得到，但不违反自然规律，如植物的叶子、高山等自然形态，具有秩序象征的美感；不规则形是人为意识创造的形态，它与几何学的性质相反，其形态灵活多变，易于被人们所接受。

4．体的概念

长度、宽度和深度共同构成的三度空间，就是体。最常见的体是由面围合而成的，分为几何体和非几何体。几何体的基本形式包括长方体（包括正方体）、圆柱体和球体。其他的几何体基本是在这几种几何体的基础上通过组合、切割、变形而成的。体元素的运用方法有很多，一般分为几何多面体运用、多面体群化运用、多面体有机运用以及自然体运用四种形式。在采用体元素进行设计的时候，需要考虑到体与体之间的衔接、比例、平衡等关系。体的特点与形成体的面的特点有关。长方形是平面立体的构成元素，具有轮廓明确的特点，给人以刚劲、结实、坚固、明快的感觉；圆柱体和球体由曲面与平面构成，给人以圆滑、柔和、饱满、流畅的感觉。家具中的体如图3-4所示。

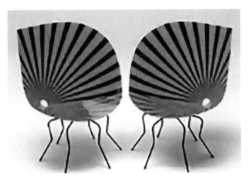

图3-3　家具中的面

图3-4　家具中的体

三、家具形态的情感化分析

1．点的情感特征

在造型设计中，点是有大小、形状和体积的。空间中出现的一点能吸引眼球，构成视觉的中心，从而提高整个造型的视觉效果。单个的点在画面中的位置不同，产生的心理感受也是不同的。当画面中只有一个点的时候，人们的视线就会被这个点吸引，这个点就具有集中和吸引视线的作用；当画面中有两个点且两个点大小不同的时候，大的点会吸引小的点，人们的视线就会从大的点移动到小的点，隐隐包含着一种动感趋势；当画面中有多个点的时候，人们的视线就会在这些点之间移动，从而产生一种几何形的感觉，或者产生一种犹如音律般的律动。

图 3-5　家具中点的情感特征体现

所以，在日常生活中要善于发现产生视觉张力的图形，使它有被称为"点"的可能。将一些相对小的部件如产品设计的旋钮、开关、螺钉、指示灯、商标、文字等元素作为点来处理，以不同的形式在空间上来安排，可以起到点缀、呼应、平衡视觉的作用。如果家具上的一些功能构件以点的形式出现，就可以打破家具形体的单调感，丰富立体造型，形成韵律和节奏感，使人们在家居生活中感受美和愉悦。家具中点的情感特征体现如图 3-5 所示。

2. 线的情感特征

只有对线条以及线条的表现特征进行了充分的理解，才能用不同的材料形成不同形态的线，完成不同主题的设计。不同形态的线给人的感觉也会有差异。流畅的曲线既柔中带刚，又能做到有放有收、有张有弛，可以满足现代设计所追求的简洁和时尚感；直线造型所产生的挺拔效果使人更容易感受到生命的力量，激发整齐、有秩序的美感。

一般来说，家具因结构线条的不同可分为三种：一是纯直线构成的家具，二是纯曲线构成的家具，三是直、曲线相结合构成的家具。不同的线条构成使家具产生不同的风格特点。纯直线构成的家具给人以稳定、庄重、平和的感觉，在造型上体现出挺拔的美感。现代家具部分采用金属、玻璃等新材料，可直接利用机械化生产，体现简洁、刚健的造型风格。纯曲线构成的家具造型具有活泼、流畅、优美的特点，具有"动"感。直、曲线相结合构成的家具造型兼具纯直线和纯曲线家具的特点，能使家具造型或方或圆，有柔有刚，形神兼备。

现代家具设计可以通过利用线的上下、左右等层次变化，形成一个具有层次感的造型。线对于结构的把握至关重要，因为线的无限堆叠会产生一定的厚度，如果控制不好这一厚度，就容易设计失败。韵律椅（见图 3-6）的设计在材料与结构上颇具匠心，显露天然木纹的座面与靠背用层层木板按照人体工程学尺度构成，固定在金属钢管椅架上，整个座椅设计在材料、结构、功能上与美学结合起来，通过座椅中线条的构成与应用，展现出韵律的美感。圆椅（见图 3-7）是韦格纳在 20 世纪 80 年代的作品。韦格纳从传统的藤编家具中汲取灵感，用编织的具有美丽图案的网络做椅座，用布衬软垫做椅垫和靠垫，整个造型一气呵成、疏密对比、空灵通透，充分体现了线条在家具造型上所展现的美感。西班牙建筑大师高迪的家具设计，完美地诠释了曲线的表现特点，他从自然界中寻找灵感，采用婉转的曲线、精致细腻和自然清新的艺术风格来展现他的设计理念。

此外，将线条组合为线框非常能体现时尚感和秩序感。线框构成重点在于对设计物品整个形态的勾画，以闭合的线条为主体，逐步形成想要的形态。框架结构也有比较好的支撑作用，在实际生活中，我们也经常用到线框构成的家具。图3-8中使用木质框架结构为支撑的桌子，整体的架构形态比较活跃，用材也比较简单和节省。这种简约的设计是拼接结构的，也方便我们运输和重新组合，是较为实用的设计。

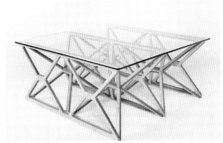

图3-6　韵律椅　　　　图3-7　圆椅　　　　图3-8　使用木质框架结构为支撑的桌子

3. 面的情感特征

面的应用在设计中有很多，它的可塑性很强，善于表现不同的情感。一般来说，由一种类型的线组成的面，就具有该类型线的特征。利用面的形态是家具设计常见手法，通过调整面积大小进行处理，这点最考验细节做工，如沙发设计中各种面的运用。曲面构成的物品具有柔美和雕塑般的秩序美感。大弧度的东西通常给人一种饱满的感觉，圆滑而生动。弗兰克·盖里设计的"往复"椅把一块木板弯曲成优美的弧度，其造型新颖、工艺高超，自然流畅的曲面造型显示出清新脱俗的美感，如图3-9所示；而弗纳·潘顿的"S"形堆叠椅（又称潘顿椅）是将玻璃纤维一次模压成型，其流畅的曲面造型别致、色彩艳丽，具有强烈的雕塑感，如图3-10所示。

图3-9　"往复"椅　　　　　　　　　图3-10　潘顿椅

4. 体的情感特征

造型艺术直观地体现为形式美，一般造型艺术的形式美要素包括构图、色彩、线条、造型等几大方面，体是形态设计基本的表现方法之一。"体"具有空间感，其中实体元素的内部构造称为内空间，而实体外部的环境称为外空间。家具造型的形体起伏、转折、衔接等种种变化，都是由这些基本构成要素的不同结合形成的，最终体现出欣赏者视觉所见到的形态。

体的组合就是将体元素的长、宽、高综合考虑并进行立体构造，使体元素展现更深层次的构成效果，如展示设计、舞台设计的家具等。体的组合采用的是比较综合化的构成方式，不是针对一件作品，而是在整个大环境下，将所有的立体元素有序布置，构成一个比较舒适和谐或者更贴合主题的设计。体的组合注重整体之间的互相联系与呼应，如家居设计时，为了营造温馨舒适的环境空间、呈现完美的整体效果，室内物品和家具的摆放要注意相得益彰。家居设计中体的组合如图 3-11 所示。

实际上，点、线、面、体的应用形成了家具的典型造型，也恰恰是这些元素反映出家具地域、材质、技艺、文化和风俗特征，展现了家具文化的和谐之美和意境之美，设计者也需有意识地将点、线、面、体作为一种造型装饰语言。家具造型中体的应用，可以表达设计者的情感因素，进而影响欣赏者的情感体验，产生审美共鸣。艾洛·阿尼奥设计的球形椅（见图 3-12）以其流畅的形体、雕塑般的造型带给人舒适的生理体验和强烈的视觉冲击力，赋予人们精神的愉悦与美感。

图 3-11　家居设计中体的组合　　　　　图 3-12　艾洛·阿尼奥设计的球形椅

第 2 节　家具造型设计与人体工程学

人体工程学近代才被作为一门独立的学科，其实它所包含的内容从人类社会文明形成开始就不断被人类思考。即使在旧石器时代，早期的工具就被打磨成不同形状，便于人手的使用。人体工程学起源于欧美，作为独立学科有 60 多年的历史，起因是欧美工业社会开始大量生产和使用机器，寻求人与机械之间的协调关系。第二次世界大战中，军事科学技术开始运用人体工程学的原理和方法，在坦克、飞机的内舱设计中考虑如何使人在舱内有效地操作和战斗，并尽可能地使长时间在小空间内的人减少疲劳，即处理好人—机—环境的协调关系。第二次世界大战后，各国把人体工程学的实践和研究成果迅速有效地运用到空间技术、工业生产、建筑及室内设计中，国际人机工程学协会于1960年正式成立。及至当今，社会发展向后工业社会、信息社会过渡，重视以人为本、为人服务，人体工程学应用更为广泛。

人体工程学强调从人自身出发，在以人为主体的前提下研究人们衣、食、住、行以及对一切生活、生产活动进行综合分析的新思路。人体工程学应用到室内设计中，强调以人为主体，运用人体生理、心理计测等手段和方法，研究人体结构功能、心理、力学等方面与室内环境之间的合理协调关系，以适合人的身心活动要求，取得最佳的使用效能，其目标是安全、健康、高效能和舒适。家具设计中的人体工程学的研究内容是家具的尺度与人体尺度的关系，家具如何满足人的舒适和方便的要求，家具对于人生理和心理健康的影响，以及家具如何为人创造更适合的活动空间。

一、人体工程学是家具造型设计的基础

家具是日常生活中与人接触极其频繁的用具，是生活中必不可少的器具之一。正因如此，符合人体工程学对于家具来说是非常重要的设计准则。针对家具设计的人体工程学主要研究以下方面：人体尺寸，其中包括人的静态尺寸、动态尺寸；生理及心理需求，因为不同的使用者群体无论是生理上还是心理上都存在一定的差异，所以设计时要考虑到人通过家具的使用可以达到什么样的生理满足和心理慰藉；人的习惯与差异，大到国家、小到个人，人的习惯存在差异，对于家具的使用也存在方方面面的差异。人体工程学还需要考虑的一个很重要的问题是家具是否对人体造成短期的疲劳或长期的损害。家具的造型设计对人体机能的适应性方面要特别重视，不能仅通过直觉的使用效果来判断，或凭习惯和经验来考虑。例如，宫廷贵族使用的家具，虽然精雕细刻、造型复杂，但在使用时不一定舒适，有些甚至是违反人体工程学原理的。现代家具设计最重要的原则就是以人为本，要基于此原则进行设计开发，从机械设计走向生命设计，用产品设计开发创造新生活。

家具能否给人以舒适的体验，其决定因素在于家具与人直接接触的部分。例如，座椅类家具的座面、靠背、扶手等部位，决定了座椅为人提供了什么样的坐姿状态，也就决定了它是否满足人在使用时的舒适度要求；橱柜类家具的高度决定了它是否符合多数人的身高。另外，办公室的工作大都是需要坐着来完成的，长时间的不正确坐姿导致工作效率下降，甚至直接影响人的健康，因此设计座椅时需格外注意。因此，人体工程学是家具造型设计的基础，为家具如何引导正确的生活方式提供保障。

二、人体尺度及动作与家具设计的关系

现代家具早已超越了单纯实用的需求层面，现代家具设计需进一步以科学的观点研究

家具与人体心理机能和生理机能的相互关系，在对人体的构造、尺度、体感、动作、心理等人体机能特征进行充分理解和研究的基础上来进行系统化设计。

人体尺度是决定家具尺度的基础，家具的比例是按家具大小、高矮、长短、宽窄、深浅的比较关系形成的，而家具的尺度是指家具与人体之间的大小关系，是人与家具各部分形成的一种大小感。对家具中的某部分任意夸大、缩小就会造成某种错觉而使家具具有"失真感"。相对的，符合人体的尺度将会令人感到家具的亲切，有美的感觉。室内设计，说到底，设计最后的对象都是人，就是将各种家具搭配出合适的比例来满足人们的需求，达到家具与空间的和谐统一。

人体尺度与人体动作尺度是确定家具内部和外围尺寸的依据，也是家具造型设计和结构设计的基础。在家具设计中确定家具的外围尺寸时，主要以人体的基本尺度为依据，同时还应照顾到性别及不同人体高矮的要求。

家具的功能就其物质意义来讲首先是实用，即要满足它直接的用途，满足人们使用上的要求。例如，就椅、床类家具而言，首先要考虑使用时的舒适度，因此这类家具的各部分尺寸必须符合人体的基本尺度，与人体接触部分尺度应尽量吻合；再如，进行衣柜、书柜、梳妆台这一类家具的功能设计时，就需考虑它们在使用时的方便程度，这与人体的动作尺度有一定关系。

三、人体工程学家具设计

在家具设计中，人体工程学原理的运用使家具的设计能够满足消费者的生理、心理的特点及需求，因此，家具设计时对于人体的测量就显得十分重要。人体工程学在家具设计中的主要作用有两点。

（1）确定家具的最佳尺寸。人体工程学的主要内容是通过测量大量常规的使用者来统计、推算目标人群的各个部位的基本尺寸、肢体活动范围以及生物力学等。人体尺寸范围如图3-13所示。这些尺寸数据为家具的设计提供了可靠又精确的设计指导。

（2）为家具的整体组合提供依据。一般而言，整套家具的设计都必须根据固定的空间来确定。通过人体工程学测量获得的数据可以精确地对整体家具的设计提供参数和设计要求，并综合考虑人与环境之间、人与家具之间的和谐感。

第3节　家具造型的形式美法则

美，是指能引起人们美感的客观事物的一种共同的本质属性，它是每个人追求的精神

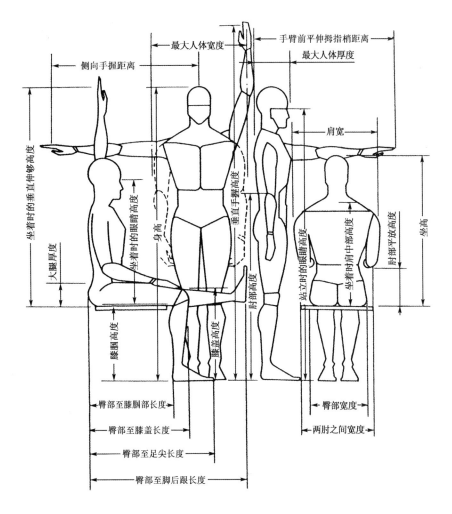

侧向手握距离
最大人体宽度
手臂前平伸拇指梢距离
最大人体厚度
坐着时的垂直伸够高度
肩宽
坐着时的眼睛高度
身高
垂直手握高度
大腿厚度
站立时的眼睛高度
坐着时肩中部高度
坐高
肘部平放高度
膝腘高度
膝盖高度
肘部高度
臀部至膝腘部长度
臀部宽度
臀部至膝盖长度
两肘之间宽度
臀部至足尖长度
臀部至脚后跟长度

图 3-13　人体尺寸范围

享受。人们都能感受到美，并且能够识别美。人们长期生产、生活实践中积累的、客观存在的美的形式法则，称为形式美法则。对于家具设计来说，家具的外观形态、材质肌理、空间形体、色彩装饰等综合要素影响着人们对造型的整体判断。一件优秀的家具应该是功能、造型、结构、材料的完美统一。要设计创造出一件美的家具，就必须掌握艺术造型的形式美法则。家具造型设计的形式美法则是在几千年的家具发展历史中由无数前人和大师在长期的设计实践中总结出来的，是人们对于美与丑的感觉共识。

家具造型设计的形式美法则有统一与变化、对称与均衡、节奏与韵律、模拟与仿生等。

一、统一与变化

统一与变化是古今中外优秀设计师必然遵循的一般原则，具有广泛的概括性与普遍性。统一是为了使各要素间整齐有序，变化是为了使各要素间产生丰富的趣味。如果没有整体的统一，会显得杂乱无章；没有变化，会显得单调乏味。统一与变化在设计中注重各要素间的共同和近似因素，强调它们之间的联系和趋同点，家具中的统一与变化如图 3-14 所示。由于客观世界的万物天然是不同的，因此为了达到和谐的目的，寻求形式的趋同与调和就成了重要的构成手段。

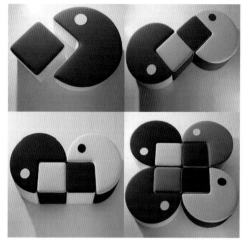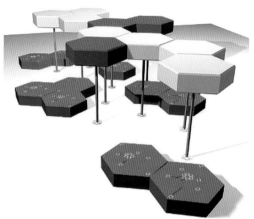

图 3-14　家具中的统一与变化

一般来说，主要运用协调、主从、呼应、变化等手法来达到统一与变化的效果。

（1）协调：主要运用形状、尺度、比例、色彩、材质、肌理和细部处理上取得和谐的统一感。线的协调——运用家具造型的线条，如以直线、曲线为主，达到造型线的协调。

（2）主从：处理好次要部分和主要部分的关系，达到"万绿丛中一点红"的效果。运用家具中以低衬高和利用形象变化等手法突出整体，形成统一感。

（3）呼应：事物之间互相照应、互相联系的一种形式。呼应有两种表现形式，一种是相关因素外在形式的雷同，另一种是相关因素内在情感、风格的一致。在家具造型中主要通过构件和细部装饰形成呼应。在必要和可能的条件下，可运用相同或相似的线条、构件在造型中重复出现，以取得整体的联系和呼应。

（4）变化：在不破坏统一的基础上，使家具造型更加生动、富有趣味。家具在空间、形状、线条、色彩、材质等各方面都存在差异，在造型设计中恰当地利用这些差异，就能在整体风格的统一中求变化。

二、对称与均衡

对称，指整体中各个部分的空间和谐布局与相互对应的形式表现。对称是一种普遍存在的形式美，在自然界及人们日常生活中是常见的，如人体及各种动物的正脸、蝴蝶的翅膀等。对称在视觉上呈庄重、有条理的静态美，符合人们的视觉习惯。早在人类文化发展的初期，人类在造物的过程中就具有对称的概念，并按照对称的法则创造建筑、家具、工具等，以适应人们视觉心理的审美需求。在家具造型上最普通的手法就是以对称的形式安排形体。对称的形式很多，在家具造型中常用的有以下三类。

（1）镜面对称——常用的是以铅垂线（面）为对称线（面）的左右对称，它是基于几何图形两半相互反照的对称，是同形、同量、同色的绝对对称，如图 3-15 所示。镜面对称（绝对对称）中，上下或左右元素是完全一致的。

（2）相对对称——对称轴线两侧物体外形、尺寸相同，但内部分割、色彩、材质肌理有所不同。相对对称中，上下或左右元素略有不同，如图 3-16 所示。相对对称有时没有明显的对称轴线。

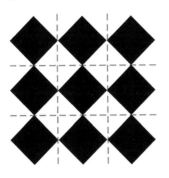

图 3-15　镜面对称　　　　　　　　　　　图 3-16　相对对称

（3）轴对称——把一个图形沿着某一条直线折叠，如果直线两旁的部分能够互相重合，那么这个图形是轴对称图形，这条直线就是对称轴。在活动转轴家具中多用这种方法。

均衡，是对称形式的发展，是一种不对称的心理平衡形式，大体分为三种形式：等形不等量、等量不等形、不等量不等形，如图 3-17 至图 3-19 所示。

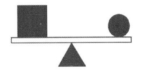

图 3-17　等形不等量　　　　　图 3-18　等量不等形　　　　　图 3-19　不等量不等形

利用均衡形式造型，在视觉上使人感到一种内在的、有秩序的动态美，它比对称形式更富有趣味和变化，具有动中有静、静中有动、生动感人的艺术效果。对称与均衡形式之所以使人产生审美感受，这不仅与人的活动方式有关，也与人的视觉过程有关。人的眼睛在浏览整个物体时，目光是从一边向另一边运动的，当两边的吸引力相同时，便产生视觉上的平衡。

均衡可以打破静止，具有轻松、活泼、富于变化的美感。对称与均衡这一形式美法则在家具设计的实际运用中，往往同时使用对称与均衡（见图 3-20）。在家具造型中，常采用均衡的设计手法，使家具造型富有变化。同时，家具是室内陈设的一个组成部分，家具与电器、灯具、书画、绿化、陈设的配置能共同体现均衡的视觉美感。

三、节奏与韵律

节奏是条理性、重复性、连续性的艺术形式的再现。用反复、对应等形式把各种变化因素加以组织，构成前后连贯的有序整体（即节奏），是设计中常用的表现手法。

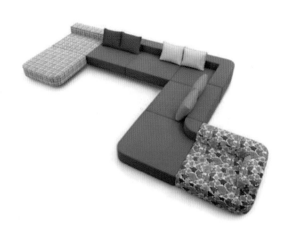

图 3-20　家具中的对称与均衡

　　韵律是构成系统的诸元素形成系统重复的一种属性，也是使一系列大体上并不相连贯的感受获得规律化的可靠方法之一。艺术中群体的高低错落、疏密聚散，建筑个体中的整体风格和具体建构，都有独具特色的节奏韵律。北京的天坛层层叠叠、有盘旋向上的节奏，欧洲的哥特式建筑处处尖顶，有直刺蓝天的节奏，这些节奏表现出不断升腾、通达上苍的韵律感。自然界中松子球的层层变化、鲜花的花瓣、树木的年轮、芭蕉叶的叶脉、水波的荡漾等，都蕴藏着节奏与韵律的美。节奏与韵律之间的关系：节奏是韵律的条件，韵律是节奏的深化。

　　韵律的形式可分为连续韵律、渐变韵律、起伏韵律和交错韵律。

　　（1）连续韵律：同一元素按一定规律反复出现，是体现秩序美和节奏美的最有效的方法。连续韵律是自然界的一种客观存在。麦金托什的高靠背椅子就是运用连续韵律的方法设计的。新艺术运动的代表大师高迪设计室内的家具采用曲线，也有异曲同工之妙。现实设计中如椅子的靠背、橱柜的拉手、家具的格栅都能找到连续韵律的影子。

　　（2）渐变韵律：渐变形式是多方面的，包括大小的渐变、色彩的渐变、方向的渐变、位置的渐变和形象的渐变等，如在展示造型设计中常见的成组套几或有渐变序列的展示柜。

　　（3）起伏韵律：有规律地重复节奏，从而体现对象的一种连续变化秩序，即对比或对立因素有规律地交替呈现。以整体的、关联的方式安排和处理设计形式，才能使设计作品具有某种节奏；也只有我们这样观察和体会设计作品，才能把握它的节奏。在家具造型中，壳体家具的有机造型起伏变化、高低错落的家具排列、家具中的车木构件等都是起伏韵律手法的应用。

　　（4）交错韵律：各组成部分连续重复的元素按一定规律相互穿插或交错排列所产生的一种韵律。这种穿插要符合一定的比例形式，注意比例的大小。在家具造型中，中国传统家具的马扎、竹藤家具中的编织花纹、博古架及木纹拼花等都是交错韵律的体现。

　　总之，家具中的节奏与韵律（见图 3-21）往往相互依存、互为因果。韵律在节奏基础上丰富，节奏在韵律基础上升华。

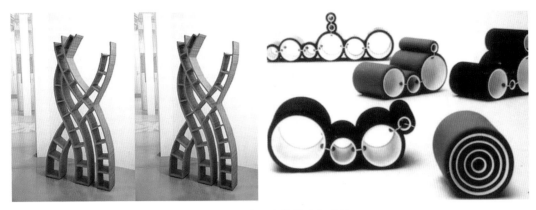

图 3-21　家具中的节奏与韵律

四、模拟与仿生

从艺术的起源来看，人类早期的造型活动都来源于对自然形态的模仿和提炼。大自然中的任何一种动物、植物，无论是造型、结构还是色彩、纹理，都呈现出一种天然、和谐的美。关于设计中的优雅和高效，自然界永远是我们学习的对象。和我们现有的技术相比，大自然在解决一些关键问题时采用的方法常常比我们的更高效、更长久，可自我维持并且一般也更加可靠、更加敏捷、更加轻便。设计师们希望从大自然的鬼斧神工中寻找启示，于是仿生学应运而生。现代仿生学的介入为现代设计开拓了新的思路。通过仿生设计去研究自然界生物系统的优异功能、形态特征、独特结构、色彩肌理等特征，有选择地运用这些特征原理，可以设计制造出美的产品。在建筑与家具设计上，许多现代经典设计是仿生设计，如澳大利亚悉尼歌剧院像贝壳又像风帆的造型，雅各布森设计的蛋壳椅，日本家具设计师雅则梅田设计的玫瑰沙发，马塞尔·布鲁尔设计的瓦西里椅等。

1. 模拟

模拟是借助某种事物或过程来再现或模仿其表象、性质、规律、特征等，利用异类之间的相似性、相关性进行设计的方法。利用模仿的手法具有再现自然的意义，能够丰富家具的艺术特色与思想寓意，具有这种特征的家具造型往往会引起人们对美好的回忆与联想。

若是在整体造型上进行模拟，家具的外形塑造类同一件雕塑作品。这种塑造可能是具象的，也可能是抽象的，亦可能是介于两者之间的。模拟的对象可以是人头、人体或人体的某一部分，也可以是动物、植物或者别的自然物，如蜂巢（见图 3-22）等。模拟人体的家具早在公元 1 世纪的罗马家具中就有出现，在文艺复兴时期得到了充分表现，人体像柱、半像柱特别是女塑像柱得到了广泛应用。在整体上模拟人体的家具一般是抽象艺术与现代工业材料及技术相结合的产物，它所表现的一般是抽象的人体美。大部分仿人体家具或人体器官家具都是高度概括人体美的特征，并较好地结合使用功能而创造出来的。

局部造型的模拟则主要出现在家具造型的某些功能构件上，如脚架、扶手、靠板等。

在家具的表面装饰图案中，以自然形象做装饰的模拟形式多用于儿童家具与娱乐家具及户外公共家具。

2. 仿生

自然界的生命在漫长的进化过程中能够生存下来的重要条件之一就是改变自己的躯体以适应生态环境。这种在功能上各成体系、在形式上丰富多彩的生命形式便为设计师创造性的思维开辟了途径，为家具设计提供了取之不尽的源泉。这种以模仿生物系统的原理来建造技术系统，或者使人造技术系统具有类似生物系统特征的学科便是仿生学。仿生学是一门边缘学科，是生命科学与工程技术科学相互渗透、彼此结合而成的一门新兴学科。仿生学在建筑、交通工具、机械等方面得到了广泛的应用。近几年来，模拟生物合理存在的原理与形式，也为家具设计带来了许多力学强度大、结构合理、省工省料、形式新颖的新产品。例如，壳体家具、壳体建筑就是设计师应用龟壳、贝壳、蛋壳的原理结合现代制造技术、现代材料工艺的新设计。此外，仿照人体结构，特别是人的脊椎骨结构，使支承人体家具的靠背曲线与人体完全吻合，无疑也是仿生设计。我国明代家具座椅靠背就曾采用这种造型。如果说塑造人体家具或人体家具部件、再现人体的艺术美是模拟，那么仿照人体形体设计出与人体尺度一致的坐具就是仿生。按仿生原理设计的坐具（见图3-23），可以是任意风格与任何形状的，它只追求与人体接触的坐具表面的形状，使其符合人体工程学的原理。当然，直接塑造成人体也是可能的，那就是模拟与仿生的完美结合。

在应用模拟与仿生手法时，除了保证使用功能的实现外，同时必须注意结构、材料与工艺的科学性与合理性，实现形式与功能的统一、结构与材料的统一、设计与生产的统一，使家具造型设计能转化为产品，保证设计的成功。

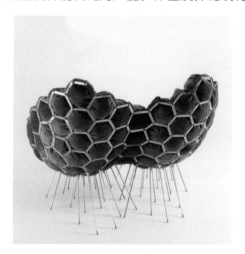 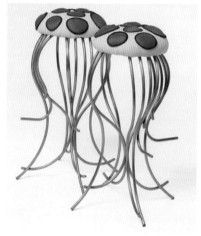

图 3-22　模拟蜂巢的沙发　　　　　图 3-23　按仿生原理设计的坐具

形式美法则不是固定不变的。随着美的事物的发展，形式美法则也在不断发展，因此，在美的创造中，既要遵循形式美法则，又不能犯教条主义错误，不可生搬硬套某一种形式美法则，而要根据内容的不同，灵活运用形式美法则。

JIAJU YU CHENSHE SHEJI

第4章

家具材料

家具材料是家具设计的艺术载体，是展现家具艺术风格的物质基础。纵观世界家具的发展历程，家具的发展与材料的发展密不可分。家具材料由最初的实木、金属、石材等逐渐发展到塑料、玻璃、板式、软体、纸制等现代材料，每一种材料都造就了一段辉煌的家具发展历史。

家具材料影响着家具的式样。一件好的家具，必须是在综合考虑材料、结构、生产工艺等构成条件和满足使用功能的前提下，将现代社会可能提供的新材料、新技术创造性地加以运用，使之成为一个和谐完美的整体。作为家具设计师，就要利用、发现新的家具材料，适应社会发展需求和消费者的喜好。新材料的出现和创新能够为家具设计的发展带来新的机遇和挑战，也能给家具造型和工艺技术等方面带来改革。

在家具设计和制造的范畴里，家具材料是指在家具主体结构制作、材料表面装饰、局部黏结和零部件紧固等过程中与家具相关的各种材料的总称。

家具材料的外在特性主要包括材料的肌理、色彩和光泽、透明性、平面花式、质地美感、外形尺寸等。

家具材料的内在特性主要包括密度、强度、尺寸稳定性、弹性、延展性、收缩性、防水防潮性、防腐蚀性、防虫性等。

选择家具材料应该遵循实用、经济、美观的原则。家具材料根据其不同的自然属性，可分为木材、竹藤、金属、塑料、石材、玻璃、纺织纤维织物、皮革等。

第1节 木质材料

根据木质材料的来源，可将其分为天然木材和人造板材两种。

1. 天然木材

天然木材是传统的建筑材料之一，历来被广泛用于建筑室内装修与装饰。它给人以自然美的享受，还能使室内空间产生温暖与亲切感。天然木材在家具的发展演变过程中一直都扮演着十分重要的角色。从古至今，天然木材都是家具的传统原材料，实木家具（见图4-1）深受人们喜爱，最主要的原因是天然木材本身具有许多优点：

（1）视觉功能。木材可以天然形成多种自然美丽的花纹图案，即使是来自同一棵树的木材，不同的剖面上也会出现不同的花纹。木材以其天然的花纹和环保、健康的特性深受人们的喜爱。由于形成的原因不同，木材花纹各具特色，如行云流水的山峰纹、变化多端的鬼脸纹，又如一系列"V"形木材套叠在一起，像在微风吹动下的一池春水。

（2）触觉功能。木材具有良好的隔热、吸声、吸湿和绝缘性能。人在木地板上行走时，会觉得软硬适当，又富有弹性。人与木材接触时，木材均给人以良好的触感。同时，木材与钢铁、石材相比，具有一定的弹性，可以缓和冲击力，提高人们居住的安全性和舒适性。

图 4-1　实木家具

（3）嗅觉功能。多种木材可以散发出令人欢愉的特殊芳香。经试验，这些芳香可产生对人体健康有益的保健功效。例如，冷杉可缓解肌肉疼痛，使人产生温暖感觉；柏木能镇痛，并能镇静神经、松弛精神；樟木抗痉挛，又有兴奋作用；桉木有激励精神的作用；檀香木有镇静神经、抗抑郁的功效。

（4）调节功能。由于木材有一定的吸湿和解湿性能，所以室内在用干燥木材做装饰后，如果空气湿度过大，木材则从空气中吸收水分，反之则释放水分，从而对室内的湿度产生一定的调节作用，给人以较舒适的环境。据测定，用木材内装的住宅在夏天较凉爽，在冬季则较暖。另外，木材能吸收紫外线，反射红外线，可减轻紫外线对人体的辐射危害，同时反射红外线，给人带来温暖感。

（5）良好的加工性。木材加工容易，是加工耗能最低的材料。采伐后的木材可以直接加工使用，也可仅用简单的工具与较低的技术进行加工。木材可以方便地进行锯、切、刨、钉等机械加工和粘、贴、涂、烙、雕等装饰加工。

（6）绿色环保。木材是当今四大材料（钢材、水泥、木材和塑料）中唯一可再生的，又可多次使用和循环使用的生物资源。

天然木材制成的家具使人感到温馨自然、安宁舒适。但木材也有缺点，如其易有木节、斜纹理以及因生长应力或自然损伤而形成的缺陷；易受木腐菌、虫蛀危害而变色、腐朽或变得松软易碎，呈筛孔状或粉末状等形态；易燃；不能像金属那样按人们意愿轻松制成宽大的板材；木材的边部（边材）颜色较浅，芯部（芯材）颜色较深，年轮中的早材与晚材及纹理条纹之间存在颜色的差异（不过，正是由于这种色调深浅的对比，构成了木材的各种美丽的图案，这是一种自然的美，欧美发达国家居民选择木地板时不刻意要求颜色一致，而是要求保留木材固有的纹理及色差，他们认为天然的才是最美的）。木材的这些缺点可以通过人工合理干燥、加工、防腐、滞火处理以及必要的营林培育措施，避免或将其减低至最小限度，也可以通过加工制成胶合板、纤维板、刨花板、层积木、塑料贴面板等进行改善。

　　木材按树种可分为针叶树材和阔叶树材。针叶树是树叶细长如针的树，多为常绿树，其一般生长于海拔 100 ～ 1500 米地带，树干通直而高大，材质均匀，具有经济价值和观赏价值。针叶树材材质一般较软，有的含树脂，故又称软材，易于加工（表现为密度和胀缩变形较小），耐腐蚀性强。在室内工程中用于隐蔽部分的承重构造时，常用针叶树材有松木、柏木、杉木等。阔叶树的经济价值大，不少为重要用材树种，其中有些为名贵木材树种，如樟树、楠木等。中国的经济林树种大部分是阔叶树种，它除生产木材外，还可生产木本粮油、干鲜果品、橡胶、紫胶、栲胶、生漆、五倍子、白蜡、软木、药材等产品；壳斗科许多树种的叶片还可喂饲柞蚕；另外，蜜源阔叶树也很丰富，可以开发利用。各种水果都是阔叶树，还有一些阔叶树用作行道树或庭园绿化树种。阔叶树树干通直部分一般较短，阔叶树材材质硬且重，强度较大，纹理自然美观，是室内装修工程及家具制造的主要饰面材料。常用阔叶树材有水曲柳木、胡桃木、樱桃木、橡木、枫木（见图 4-2）、榉木、柚木（见图 4-3）等。

图 4-2　枫木　　　　　　　　　　　　　　　　图 4-3　柚木

2. 人造板材

　　由于乱砍滥伐，全世界的木材积蓄量已远远不能满足人类的需求，于是出现了木材的代用品——各种人造板材。人造板材具有加工工艺简单、生产量高的特点，而且便于家具生产的标准化、机械化，因此在家具材料中占有重要地位。人造板的主要品种有纤维板、刨花板、胶合板、细木工板、空心板等。

　　（1）纤维板。纤维板（见图 4-4）又名密度板，是以木质纤维或其他植物素纤维为原料，施加脲醛树脂或其他适用的胶黏剂制成的人造板。制造过程中可以施加胶黏剂和（或）添加剂。制造 1 立方米纤维板需 2.5 ～ 3 立方米的木材，可代替 3 立方米锯材或 5 立方米原木。发展纤维板生产是木材资源综合利用的有效途径。其中，中密度纤维板具有表面平整、材质均匀、尺寸稳定、纵横强度差小、不易开裂等优点，可以进行锯、刨、起槽、钻孔、雕刻等加工，因此，它在家具中的应用十分广泛。纤维板的缺点是背面有网纹，造成板材两面表面积不等，吸湿后会因产生膨胀力差异而使板材翘曲变形；另外，纤维板的用胶量比较大，使用过程中游离甲醛的释放量较高，对室内空气环境的影响较大。

　　（2）刨花板。刨花板（见图 4-5）又叫碎料板、微粒板、颗粒板、蔗渣板，是由木材或其他木质纤维素材料制成的碎料施加胶黏剂后在热力和压力作用下胶合成的人造板。

刨花板主要用于家具制造和建筑工业及火车、汽车车厢制造。因为刨花板表面平整，加工性能好，可装饰性强，可以根据需要加工成大幅面的板材，是制作不同规格、样式的家具较好的原材料。刨花板制成品不需要再次干燥，可以直接使用，吸声和隔音性能也很好。它的缺点是因为边缘粗糙，吸水后厚度膨胀率大，所以用刨花板制作的家具封边工艺就显得特别重要，另外由于刨花板容积较大，用它制作的家具相对于其他板材制作的家具来说也比较重，且其握钉力较低，不宜进行多次拆装。

图 4-4　纤维板　　　　　　　　　　　　图 4-5　刨花板

（3）胶合板。胶合板（见图 4-6）是由木段旋切成单板或由木方刨切成薄木，再用胶黏剂胶合而成的三层或多层的板状材料，通常用奇数层单板，并使相邻层单板的纤维方向互相垂直胶合而成。一组单板通常按相邻层木纹方向互相垂直组坯胶合而成，其表板和内层板对称地配置在中心层或板芯的两侧。涂胶后的单板按木纹方向纵横交错配成板坯，在加热或不加热的条件下压制成胶合板。胶合板层数一般为奇数，少数也有偶数。纵横方向的物理、机械性质差异较小。常用的胶合板类型有三合板、五合板等。胶合板能提高木材利用率，是节约木材的一个主要途径。在家具中主要使用的是普通胶合板，它具有较高的硬度和较好的耐久性。另外，胶合板具有较强耐冲击性，垂直于板面的握钉力较高。胶合板的缺点是单板的加工受原料的限制大，产品易出现鼓泡、翘曲、边角开胶等问题，进而影响家具质量。

（4）细木工板。细木工板（见图 4-7）俗称大芯板，是由木条组成实木板状或方格板状的板芯，在表面粘贴与板芯纹理垂直或平行的单板所构成的材料。由于细木工板是特殊的胶合板，所以在生产工艺中也要遵循对称原则，以避免板材翘曲变形。作为一种厚板材，细木工板具有普通厚胶合板的漂亮外观和相近的强度，但细木工板比厚胶合板质地轻、耗胶少、投资省，并且给人以实木感，满足消费者对实木家具的渴求。另外，细木工板对原材料的要求较低，易加工、握钉力高、表面平整，并具有天然木纹。由于这些优点，细木工板在家具工业中应用广泛，如在板式家具中的大衣柜、酒柜、书柜中的台面、柜、桌面中普遍使用。与刨花板、中密度纤维板相比，细木工板的天然木材特性更顺应人类对自然生态的要求；与实木拼板相比，细木工板尺寸稳定、不易变形，具有较高的横向强度，由于严格遵守对称组坯原则，有效地避免了板材的翘曲变形。

（5）空心板。空心板（见图4-8）是由蜂窝纸、薄板条等构成各种形状的空心结构，两面各覆胶合板或其他的覆面材料而组成的一种空心板材。按填芯材料的不同，空心板可分为蜂窝状空心板、方格空心板、木条空心板、波纹状空心板以及聚苯乙烯泡沫空心板等。它最大的特点就是质轻、密度小，尺寸稳定性好、不易变形，而且强度能满足一般家具的要求。

图4-6　胶合板

图4-7　细木工板

图4-8　空心板

第2节　竹藤材料

使用竹、藤、草、柳等天然纤维编织生活用品是具有悠久历史的传统手工艺，也是人类早期文化艺术史中的古老艺术之一，至今已有7000多年的历史了。随着人们生活水平不断提高、越来越多地关注自身，"绿色健康"已成为普遍的追求。竹藤材料以其天然的环保性、坚韧而富有弹性的物理性能以及生长快、成材早、轮伐期短的特点，已成为绿色家具的首选材料，且迎合了现代社会"返璞归真"回到大自然的国际潮流，拥有广阔的市场。

一、竹材

竹为高大、生长迅速的禾草类植物，茎为木质，分布于热带、亚热带、暖温带地区，东亚、东南亚和印度洋及太平洋岛屿上分布最集中，种类也最多。竹类植物具有生长快、再生能力强、生产周期短等物种优势。竹材纹理通直、色泽淡雅、材质坚韧、资源丰富，是一种可持续发展的优势资源。

竹作为可持续利用的资源，在保护生态环境和提供加工利用原料方面都起到非常大的作用。特别是在拥有丰富竹资源的中国，竹在发展经济和改善人们生活品质方面的作用越来越明显。竹，在我国不仅仅是一种简单的家具用材，它是和中国文化紧密结合的，是中华民族使用最久和最广泛的用材，其产品因凝聚着中华民族的智慧而受到广大人民群众的

青睐。在全球木材资源逐渐变得匮乏、环保呼声越来越高的今天，竹制家具（见图 4-9）
被崇尚环保的人们视为时尚家居的新选择。

图 4-9　竹制家具

目前的新型竹制家具有以下特征：一是纹理清晰、造型多变，竹材具有清晰的纹理和
淡雅的色彩，并且质地柔软，高温易弯曲，较大程度满足了人们对家具造型求变的追求；
二是有利于环保，竹一般 3～4 年就可以成材，属于可再生资源，对于环境恶化和天然
林存量甚低的我国来说，不失为一种替代木材的优质材料；三是竹材黏结可使用特种胶，
避免甲醛对人体的危害，有利于身心健康。

目前市场还有竹材集成材家具。竹材集成材是把原竹加工成一定规格的矩形小条，经
过防腐、防虫、防蛀、干燥、涂胶等处理进行组坯胶合而成的竹制板型材。用这种竹材集
成材制成的家具不仅在强度、使用功能上毫不逊色于全竹家具，而且其特殊材质结构使人
倍感温馨和自然。

二、藤材

藤是生长于热带森林中的一种多刺的棕榈科攀缘植物，一般生长周期为 5～7 年，
共 13 类，已知的有 600 种。藤最长可超过 185 米。由于质地坚韧又很柔软，藤材被广泛
地用于家具和席垫的制造。

藤材大致分为大藤（粗藤）、幼藤及加工藤。

藤制家具常用的大藤品种有玛瑙藤、道以治藤、大麟刨、巴登藤以及豆腐藤等，这些
品种形态各异、用途各有不同。玛瑙藤被业界称为"藤中之王"，是价格最为昂贵的上等
藤材，不但表面美观，还具有高度的防水性能，其组织结构密实，极富弹性，不易爆裂、
经久耐用。道以治藤也多产于苏门答腊，和玛瑙藤一样以其节间长、色泽均匀、柔韧程度
强的优点成为藤制家具主架的首选。大麟刨及豆腐藤外表较粗糙，多用于藤制家具直柱及
内柱。巴登藤去皮磨光之后，形态光滑、外观漂亮，可以编织制作藤艺装饰品。

幼藤俗称厘藤，一般有三必、古雾、马臣、野合、式雅等品种，大多产自加里曼丹岛。
其中，三必、古雾、马臣、野合藤节间细长，外皮色泽均匀，可加工成为上等藤皮，用于
编织藤席及扎做家具。式雅藤质地较为结实，条纹美观，原枝可用来制作藤饰件。

　　过去的藤制家具给人的印象往往是表面粗糙而且易受虫蛀，不易久存，因而在市场上曾受到冷落，而随着制作工艺技术的提高，现在的藤制家具已在制作工艺上克服了这些缺点。藤材的原始加工程序相当繁复，有蒸煮、干燥、漂色、防霉、消毒杀菌等处理工序。藤条在机器里抽出的粗细均匀的丝（藤芯）也是编织的材料。藤条经整理，按大小长短分类，用磨光机磨光滑，再按产品大小、尺寸备好材料，经过高温蒸煮，由专业人员手工加热定型、加固后做成产品的基础造型，然后在表面用传统的手工编织工艺辅以藤、藤芯和布面等材料进行加工。藤制家具多种多样，有古典、现代风格等多重选择，且编织方法变化万千，因此深受人们的喜爱。藤制家具不仅健康环保、自然清新，还兼具透气性好、舒适实用等特点。原汁原味的藤材，可以在家中营造出一种悠然自得的氛围。藤制家具（见图4-10）使简约与高雅并存、古典与现代并重，带给人的不单是生活的享受、生活品质的提高，更是让人感受到一种朴实无华的家具风格、底蕴深厚的家居风雅。

图 4-10　藤制家具

第 3 节　金 属 材 料

　　以金属管材、板材或棍材等作为主架构，配以木材、玻璃、石材等制造的家具和完全由金属材料制作的铁艺家具，统称金属家具。从1925年德国设计师马塞尔·布鲁尔设计第一把钢管椅至今，金属家具已有90多年的历史。如今金属家具的使用越来越广泛，金属家具（见图4-11）迎合了现代生活求新、求变和生产厂家求简、求实的潮流，成为推广较快的现代家具之一。金属家具的结构形式有拆装式、折叠式、套叠式、插接式等，能最大限度地满足多种使用需求，为人们生活提供便利。

图 4-11　金属家具

应用于金属家具制造的金属材料主要有铸铁、钢材、铝合金等。

铸铁多用于户外家具（庭院家具、城市街道）中的护栏、格栅、座椅（见图 4-12）及窗花等。

钢材主要有两种：一种是碳钢；一种是普通低合金钢。碳钢中含碳量越高时，强度也越高，但可塑性（弹性与变形性）就越低。碳钢适用于冷加工和焊接工艺。常用的碳钢有型钢、钢管、钢板三大类。普通低合金钢是一种含有少量合金元素的合金钢。它的强度高，具有耐腐蚀、耐磨、耐低温以及较好的加工和焊接性能，在现代家具中被逐步应用在构件和组合部件中。

铝合金通常使用铜、锌、锰、硅、镁等合金元素，跟普通的碳钢相比更轻并具有耐腐蚀的性能，但耐腐蚀性不如纯铝。在干净、干燥的环境下，铝合金的表面会形成保护的氧化层。它的重量轻，又有足够的强度，可塑性强，便于拉制成各种管材、型材和各种嵌条配件，广泛用于现代家具的各种构成部件和装饰配件。

金属材料质地坚硬，可以放置较长时间而不变形，造型极具个性，色彩选择丰富，使家居风格多元化并更富有现代气息。包豪斯建筑大师密斯·凡·德·罗设计的 MR 椅（见图 4-13），充分利用了钢管材料的优点，并与皮革、藤条、帆布材料相结合，开创了现代家具设计的新局面。

图 4-12　城市街道金属家具中的座椅　　　　图 4-13　MR 椅

第 4 节　其 他 材 料

一、塑料

一种新型材料的出现对家具的设计与制造能产生重大和深远的影响，如轧钢、铝合金、塑料、胶合板层积木等，毫无疑问，塑料是对 20 世纪家具设计和造型影响最大的材料。塑料具有轻便、防水防锈、抛光度高、可整体成型等优点。以塑料制成的家具（见图 4-14）具有天然材料无法替代的独特优势：

（1）色彩鲜艳。其鲜明的视觉效果给人们带来了视觉上的舒适感受，与其他家具巧妙搭配可以起到美化居室的作用。

（2）线形流畅。塑料的可塑性极强，同时，由于塑料家具都是由模具加工成型的，所以具有线形流畅的显著特点，每一个圆角、每一个弧线、每一个网络和接口处都自然流畅、毫无手工的痕迹。

（3）轻便小巧，便于运输。与普通的家具相比，塑料家具给人的感觉就是轻便，不需要花很大的力气就可以轻易地搬拿，即使是内部有金属支架的塑料家具，其支架一般也是空心的或很小的。另外，许多塑料家具都有折叠的功能，所以既节省空间，使用起来又比较方便。

（4）便于清洁，易于养护。塑料家具可以直接用水清洗，简单方便。另外，塑料家具也比较容易养护，对室内温度、湿度的要求相对比较低。

（5）品种多样，适用面广。塑料家具适用于多种环境，既适用于公共场所，也适用于一般家庭。公共场所使用最多的塑料家具就是各种各样的椅子。适用于家庭的塑料家具品种有餐台、餐椅、储物柜、衣架、鞋架、花架等。

（6）可批量生产且价格便宜，还可回收利用，能最大限度地减少对环境的污染。这一点使塑料家具对于重视环境保护与生存质量的现代人来说，无疑具有一大优势，因此塑料家具越来越受到家具设计者与制造者的重视，塑料也成了当今世界应用极其广泛的一种生态材料。

20 世纪初，美国人发明了酚醛塑料，拉开了塑料工业的序幕。这种复合型的人工材料易于成型和脱模，且成本低廉，因此，在工业产品和家具设计中迅速应用，成为面向大众的"民主的材料"。第二次世界大战末期，聚乙烯、聚氯乙烯、聚氯丙烯、有机玻璃等都被开发出来，这些塑料品种受到家具设计师的青睐，被广泛用于各种家具设计，并使家具造型的形式从装配组合转向整体浇铸成型、具有雕塑感的有机家具形式，20 世纪 60 年代亦被称为"塑料的时代"。建筑与家具大师伊罗·沙里宁设计的郁金香椅，北欧丹麦家具大师雅各布森的天鹅椅（见图 4-15）、蛋壳椅（见图 4-16），弗纳·潘顿的堆叠椅都是塑料家具的杰出代表作品。塑料制成的家具具有天然材料家具无法代替的优点，尤其是整体成型、自成一体，色彩丰富，防水防锈，成为公共建筑、室外家具的首选。塑料家具除了整体成型外，更多的是制成家具部件，与金属、玻璃等材料配合组装成家具。

图 4-14　塑料家具

图 4-15　天鹅椅

图 4-16　蛋壳椅

二、石材

　　石材是大自然创造的、具有不同天然色彩的一种质地坚硬的天然材料，给人高档、厚实、粗犷、自然、耐久的感觉。石材的种类很多，在家具中主要使用花岗岩（见图 4-17）和大理石（4-18）两大类。

图 4-17　花岗岩

图 4-18　大理石

　　由于石材的产地不同，故质地各异。石纹肌理、品种丰富，同时在质量、价格上也各不相同。花岗岩品种主要有印度红、中国红、四川红、虎皮黄、菊花青、森林绿、芝麻黑、花石白等。大理石品种主要有大花白、大花绿、贵妃红、汉白玉等。

　　在家具的设计与制造中，多将天然大理石用于室内桌、台案、茶几（见图 4-19）的面板，发挥石材的坚硬、耐磨特性和天然石材肌理的独特装饰作用。同时，也有不少的室外庭园家具如花台等是用石材制作的。

　　人造大理石、人造花岗岩近年来开始广泛应用于厨房台面（见图 4-20）、卫生间台板等。这类人造石材以石粉、石碴为主要骨料，以树脂为胶结成型剂，一次浇铸成型，易于切割加工、抛光，其花色接近天然石材，抗污力、耐久性及加工性、成型性优于天然石材，同时便于标准化、部件化批量生产，特别是在整体厨房家具、整体卫浴家具和室外家具中广泛使用。

图 4-19　大理石茶几　　　　　　　　　　　图 4-20　人造石厨房台面

三、玻璃

玻璃是一种晶莹剔透的人造材料，具有平滑、光洁、透明的独特材质美感。现代家具正在走向多种材质的组合，这一流行趋势就是把木材、铝合金、不锈钢与玻璃相结合，极大地增强家具的装饰观赏价值，在这方面，玻璃起了主导性作用。

由于现代玻璃加工技术的提高，雕刻玻璃、磨砂玻璃、彩绘玻璃、车边玻璃、镶嵌夹胶玻璃、冰花玻璃、热弯玻璃、镀膜玻璃等具不同装饰效果的玻璃大量应用于现代家具，尤其是在陈列性、展示性家具以及承重不大的餐桌、茶几等家具上，玻璃更是成为主要的家具用材。由于现代家具日益重视与环境、建筑、家居、灯光的整体装饰效果的统一，特别是家具与灯具的设计日益走向组合，玻璃由于其透明的特性，在家具与灯光照明效果的烘托下起到了虚实相生、交相辉映的装饰作用，因而广泛被设计师采用。（见图 4-21）

图 4-21　玻璃家具

从最近几年的意大利米兰、德国科隆、美国高点国际家具展的最新家具设计中也可以看到使用玻璃部件的普遍程度，尤其是当代意大利的具有抽象雕塑美感的玻璃茶几，成为迅速流行到全世界的新潮前卫家具。

JIAJU YU CHENSHE SHEJI

第 5 章

家具结构设计

家具结构是表达家具的内、外部的详细结构，主要包括零部件的形状、零部件之间的接合方法等。在家具设计中，家具的造型确定后，就应进行结构设计。家具结构设计的内容有确定家具零部件的材料、尺寸及各零部件间的接合方式，确定零件加工工艺及装配方法，并以相关图纸（包括结构装配图、零件图、大样图等）表达出来。家具结构设计的要求主要有合理利用材料、保证使用强度、加工工艺合理、充分表现造型需要等。由于现代家具结构与制造的科技水平日新月异，现代家具的结构设计也在不断地变化与创新，特别是高新技术正在全面导入现代家具，全面影响家具业的进步与发展。家具造型艺术设计、家具结构与工艺在现代家具设计过程中具有互相依赖、互为补充的辩证关系。家具零部件采用的接合方式是否正确对于家具的美观、强度和加工工艺都有着直接的影响。合理的结构可以增加强度、节省原材料、便于加工，同时具有良好的艺术效果。好的家具设计应该是在满足功能要求的同时，具有简洁、牢固、符合人体工程学的构造，并赋予家具不同的风格特点。

第 1 节　木质家具结构设计

一、实木家具结构

实木家具又称框式家具，它是以榫接合的框架为承重构件、板件附设于框架之上的木家具。在实木家具中，方料框架为主体构件，板件只起围合空间或分隔空间的作用。传统实木家具为整体式（不可拆）结构；现代实木家具既有整体式，又有拆装式结构。整体式实木家具以榫接合为主，拆装式实木家具则以连接件接合为主。现在实木家具大多采用榫接合、钉接合、胶接合和连接件接合的方式，其中以榫接合（榫卯结构）最为典型。

（一）榫接合

榫接合有多种类型，分类方式不同则榫接合使用的榫的类型也不相同。按榫头的形状分（见图 5-1），榫接合使用的榫的表现形式主要有直角榫、燕尾榫、椭圆榫、圆榫、齿形榫；按榫头的数量分，主要有单榫、双榫、多榫；按榫头与榫眼的穿透关系分，主要有明榫、暗榫；按榫头侧面是否露榫头来分，主要有开口榫、闭口榫和半闭口榫。

榫接合需要利用木料本身的材质性状，将要进行咬合的各木质部件的两头处理成榫头和榫眼的形式（榫各部位名称如图 5-2 所示），彼此相互嵌套，按照固定的接合方式进行接合。榫接合设计应使榫接合紧密牢固，同时又要使加工、装配方便。例如，榫接合的榫头和榫长度方向均应与木材纤维方向一致。榫头、榫眼之间的配合规则如下：榫头宽度与榫眼长度为过盈配合，即榫头宽度比榫眼长度大 0.5 ～ 1 毫米；榫头厚度与榫眼宽度为间隙配合，间隙量为 0.1 ~ 0.2 毫米；榫头长度与榫眼深度为过渡配合，其公差为 –3 ~ 3 毫米（明榫为正，暗榫为负）。

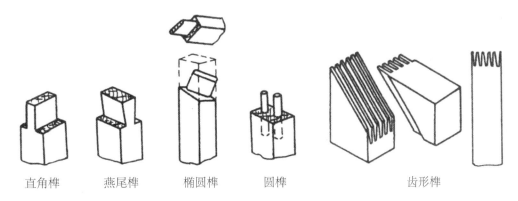

直角榫　　燕尾榫　　椭圆榫　　圆榫　　齿形榫

图 5–1　榫按榫头形状分类

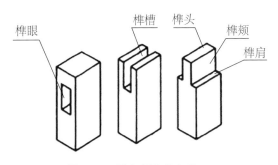

榫眼　　榫槽　榫头　榫颊　榫肩

图 5–2　榫各部位的名称

（二）钉接合

钉接合是一种操作简便的连接方式，接合工艺简单，生产效率高且加工容易。就牢固性而言，钉接合不及榫接合。采用钉接合通常会受家具使用年限的增长、钉子的反复拔起、材料热胀冷缩的变化、钉身氧化与老化等因素的影响，造成家具结构的松动及使用年限变短。钉接合方式中采用的钉子的材质通常有金属、竹、木三种，其中金属钉应用最普遍，木钉和竹钉在我国传统手木工中应用较多。常用的金属钉又分为圆钉、气钉两种。圆钉接合较为简便，常用于强度要求不太高又不影响美观、接合部位较隐秘的场合，如用于背板、抽屉安装滑道、导向木条等不外露且强度要求较低之处。圆钉在高档家具上比较少见。现在常用的钉接合钉种主要分为采用人工送钉的直圆钉、螺纹钉和采用机械送钉的气枪钉。采用钉接合时，木质家具的握钉力是十分重要的。木质材料的性质和状态、钉子形状等都能影响木质材料的握钉力。

（三）胶接合

胶接合是指用胶黏剂把制品的零部件接合起来，通过对零部件的接合面涂胶、加压，待胶液固化后即可使零部件互相接合。胶接合具有可以让小料变为大料、劣材得以优用、装饰效果得以提升、家具整体感得以加强、施工过程易于掌握诸多优点。

　　胶合强度是鉴定不同胶种对不同材料进行胶合是否适宜的重要评判标准，也是实现家具整体强度的重要指标。一般表面粗糙的材料就容易与另一材质相胶合，越是光滑就越不容易胶合。

　　这种接合方式还存在着一个隐患：一旦胶黏剂老化变质，就会影响家具结构稳固性和使用寿命。实际生产中，胶接合广泛应用于其他接合方式的辅助接合，如钉接合、榫接合常需施胶加固。胶接合可以达到小材大用、劣材优用、节约木材的效果，还可以提高家具的质量。不同场合、不同材料使用的胶黏剂不尽相同。家具加工中常用的胶黏剂有乳白胶、即时得胶、脲醛及酚醛树脂胶等。

二、板式家具结构

　　板式家具是用不同规格的合成板材，使用胶黏结或通过五金配件连接而成的家具，如图5-3所示。这里的板材多为禾香板、胶合板、细木工板、刨花板、中纤板等，具有结构承重和围护分隔的作用。家具中的板式结构是指使用板件作为主体结构件，使用标准的零部件（五金件）接合而成的结构。板式结构家具的受力由板式部件承担或由板式部件与连接件（见图5-4）共同承担。

图 5-3　板式家具

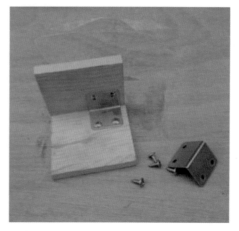

图 5-4　板式家具连接件

板式家具的特点是结构简单，节约装修设计材料，组合灵活、外观简洁，造型新颖、富有时代感，而且便于自动化、机械化生产，同时便于木材资源的有效利用和高效生产。板式结构成为当今家具企业生产选择的最主要结构形式。板式家具的装配和拆卸都十分方便，加工精度高的家具可以多次拆卸安装，方便运输。同时，因为板式家具基材打破了木材原有的物理结构，所以在温湿度变化较大的时候，人造板的形变要比实木好得多，板式家具质量要比实木家具的质量稳定。板式家具常见的饰面材料有薄木、三聚氰胺浸渍纸、木纹纸、PVC 胶板、聚酯漆面等。后四种饰面通常用于中低档家具，而天然木皮饰面常用于高档家具。选择板式家具要注意封边材料的优劣，注意封边有没有不平整、翘起现象。

第 2 节　折叠家具结构设计

当下城市飙升的房价使城市生活成本增长，同时也促使折叠家具设计行业升温，小户型的住户人群倾向于选择利用率高、集多种功能于一体的空间产品或家具，以便实现最大的空间利用率。折叠家具以小巧身姿和对环境的广泛适应能力，在家具销售市场占有一席之地。折叠家具的发展与时俱进，现代家居环境下的折叠家具已经不像最初的折叠家具那样结构外露，而是出现了内置和隐蔽化的折叠结构，具有更佳的外在视觉效果。折叠结构的家具还可以减少储存和运输成本，提高资源和能源的有效利用率。常见的家具折叠结构如图 5-5 所示。

图 5-5　家具折叠结构示意

在目前的市场上，数量最多的折叠家具主要是沙发床、餐桌、椅子三大类，多是采用抽、拉、翻、叠等变形组合方法，实现一款多用的需求。因为其折叠结构的大部分零件是相同的，只需要设计应用于产品的一部分模具就可以组装完成，这有利于催生设计行业和生产标准化，便于大规模机械加工，提高效率，减轻劳动强度。

　　折叠家具有金属和木质的，关键是结构部件的接合点是可转动的，一般用铆钉接合或螺栓接合。

　　折动结构是利用平面连杆结构的原理，一般有两条和多条折动连接线，在每条折动线上可设置多个折动点，但必须使一个家具中各个折动点之间的距离总和与该折动线的长度相等，这样才能使家具折得动、合得拢。（见图5-6）

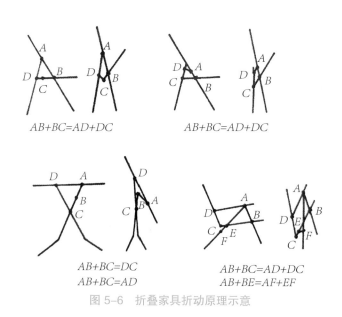

$$AB+BC=AD+DC \qquad AB+BC=AD+DC$$

$$AB+BC=DC$$
$$AB+BC=AD$$

$$AB+BC=AD+DC$$
$$AB+BE=AF+EF$$

图 5-6　折叠家具折动原理示意

第 3 节　软体家具结构设计

　　软体家具（见图5-7）主要指的是支撑面含有柔软而富有弹性的软体材料的家具，以海绵、织物为主体。我国软体家具市场成长迅速、潜力巨大，市场销售额已占据家具行业的半壁江山。随着科技的发展、新材料的出现，软体家具从结构框架到成型工艺等方面都有很大的发展。软体家具从传统的固定木框架正逐步转变为可调节活动的金属结构框架；填充料从原来的天然纤维（如山棕、棉花、麻布）转变为一次成型的发泡橡胶或乳胶海绵；外套面料从原来的固定真皮转变为防水防污、可拆换的时尚布艺。随着科技含量增加，软体家具将利用更少的自然资源，提供更长使用期，为人们创造舒适惬意的生活环境，契合全社会发展低碳经济的潮流。（见图5-8）

图 5-7　软体家具　　　　　　　　　　　　　图 5-8　软体家具布置

第 4 节　金属家具结构设计

金属家具是以金属管材、板材或棍材等作为主架构，配以木材、玻璃、石材等制造而成的或完全由金属材料制作的铁艺家具（见图 5-9）。

图 5-9　铁艺家具

金属家具的结构有固定式、拆装式、折叠式及插接式。固定式结构是指产品中各个构件之间均采用焊接或铆接。这种结构形态稳定，牢固度好，有利于设计造型，但会给后面的镀涂工艺带来一定的困难，使镀涂工艺烦琐，工效下降，且这种结构家具占用空间大，沉重且不便于运输，有损产品的竞争力。拆装式结构是将家具分成几个大的部件，部件之间用螺栓、螺钉、螺母连接。这种结构形式设计要求拆装方便，讲究紧固精度、强度、刚

65

度，并要加防松装置等。拆装式结构适用于设计多用的组合家具，可拆卸，便于镀涂加工，体积可以缩小，便于运输，特别是应用于大型或组合的家具，其经济效果更加明显。缺点是拆装过于频繁时，容易加速连接件及紧固件的磨损。折叠式结构是运用平面连杆结构的原理，以铆钉接合做铰链结构，使家具具有折叠功能。折叠式结构金属家具使用方便，体积小而轻巧，经济实惠，但在造型设计上有一定的局限性。插接式结构（见图 5-10）是利用产品的管子构件作为插接件，将小管插入大管之中，从而使之连接起来，主要用于插接式金属家具两个零件之间的滑动配合或紧配合。这类结构同样可以达到拆装式结构的效果，但比拆装式结构的螺钉连接方便。

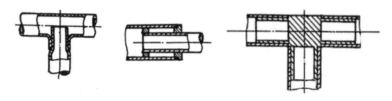

图 5-10　金属家具的插接式结构

第 5 节　薄壳家具结构设计

　　薄壳结构也称薄壳成型结构，是随着多层薄木胶合板、玻璃钢、塑料等新材料和新工艺的迅速发展，出现的热压或热塑的薄壁成型结构，具有这种结构的家具就称为薄壳家具（见图 5-11）。这类家具的主要特点是质轻，生产效率高，工艺简便、接合点少，零件数量少，便于搬动，适于贮藏。另外由于是模压成型，薄壳家具造型生动流畅，色彩鲜艳夺目且便于清洗。

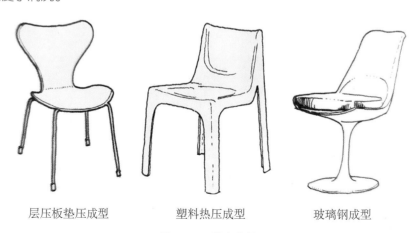

层压板垫压成型　　　　塑料热压成型　　　　玻璃钢成型

图 5-11　薄壳家具

JIAJU YU CHENSHE SHEJI

第6章

室内陈设品的分类

第1节　织　　物

　　在现代室内环境设计中，织物有着不可取代的重要作用。一方面，织物在室内空间所占据的范围较广，能直接引起人们注意，其装饰性为室内氛围的营造、格调的提升等起到了重要的作用。另一方面，织物本身材质所带来的隔音、隔热、防寒、防尘等一系列实用功能，使其在现代人的生活中越来越重要。目前，在室内设计环境中所使用的织物数量已成为衡量室内环境装饰水平的重要标准之一。一般而言，室内陈设的织物包括窗帘、地毯、挂毯、床品、台布等软性材料。

一、窗帘

　　窗帘作为一种常见的室内陈设品，具有调节光线、绝缘隔热、保护隐私以及美化室内环境等功能。随着社会的发展、大众审美的转变，各种功能类型的窗帘也在不断涌现。窗帘不仅是居家必需品，合适的窗帘选择更能营造舒适美好的居室环境，体现独特的风格品位。

　　窗帘通常可分为成品帘和布艺帘两大类。

（一）成品帘

　　成品帘是以统一的面料采取相同工艺标准进行工业化量产的窗帘，其尺寸符合绝大多数窗户尺寸，适合简约的现代室内设计。其种类包括卷帘、折帘、垂直帘、遮阳帘以及电动帘。（见图6-1）

1. 卷帘

　　卷帘是将窗帘面料进行加工，卷成滚筒状，以拉绳的方式使其上升或下降，遮挡强光和辐射的一种成品帘，其操作简单方便，使室内窗框显得简洁利落。

2. 折帘

　　折帘是收合时像扇子一般折叠的窗帘，可以根据不同的光线强度需求进行恰当的调节。白天，折帘可过滤较为刺眼的日光；夜晚，折帘可以严密地挡住室外的光线。同时，折帘能有效地减少占用空间。

3. 垂直帘

　　垂直帘因帘片垂直悬挂于上轨而得名，可以左右自由调光来达到遮阳的目的。其造型集美观大方与实用性为一体，根据使用材料的不同可分为纤维面料垂直帘、PVC 垂直帘、铝合金垂直帘、竹木垂直帘等。

4. 遮阳帘及电动帘

遮阳帘及电动帘则是在卷帘、折帘、垂直帘的造型基础上，选取具有遮阳性能的材料或采用电动智能控制系统而产生的新型成品帘。

图 6-1 成品帘

（二）布艺帘

布艺帘是将布料进行加工设计而成的窗帘。其面料有纯棉、麻、涤纶、真丝等，也有由几种原料混织而成的面料。根据不同的制作工艺可将布艺帘布料分为印花布、染色布、提花布、色织布等。不同质地的布料有着不同的材质特性，棉料柔和舒适、亚麻纹理生动、涤纶挺括耐用、真丝柔滑细腻，可根据需求选择适宜的窗帘布料。

根据不同的窗型需求，布艺帘（见图 6-2）一般分为单幅窗帘、双幅窗帘、短帷幔窗帘、内挂布卷帘、外挂布卷帘等多种款式。

1. 单幅窗帘

单幅窗帘是使用单张布料的窗帘，只能向某一边拉开。单幅窗帘简便清爽、节省空间，适合紧密排布的窗户以及小窗型。

2. 双幅窗帘

双幅窗帘是日常生活中最为常见的窗帘款式，一般适用于宽大的窗型，拉动十分便捷，造型对称，为室内增添更多的视觉要素。

3. 短帷幔窗帘

短帷幔窗帘上方所添加的短帷幔为窗帘造型增添了另一层次美感。短帷幔的造型既可以是平整的，也可以是波浪形的，既丰富了人们的视觉感受又柔化了窗户上方的光线。

4. 内挂布卷帘

内挂布卷帘一般安装在窗框之内，向上拉起时，布帘会有序地堆叠，不占用过多的空间，柔和的布料以及造型将窗型修饰得清新自然。

5. 外挂布卷帘

不同于内挂布卷帘，外挂布卷帘安装在窗框之外，可以完全遮挡住窗框上方，给人以窗户变大的视觉效果。在拉起卷帘时，帘布会产生繁复的褶皱，极具装饰性。

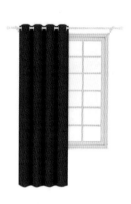

图 6-2　布艺帘

二、地毯

地毯是用动物毛、植物棉、麻、丝、草、纱线等天然纤维或合成纤维为原材料，经过手工或机械工艺进行编结、栽绒或纺织而成的地面铺陈物，是世界范围内具有悠久历史传统的工艺美术品类之一。

地毯作为一种软性材料，有着较好的舒适性。不同于瓷砖等硬性铺装材料，地毯软而蓬松并具有厚度，兼具防滑功能，为人们带来舒适的感受。地毯还有隔音效果，通过紧密透气的材料结构吸收杂声，及时隔绝声波。地毯通过表面绒毛对空气中飘浮的尘埃颗粒进行吸附、捕捉，能够改善空气质量，使用异形纤维截面作为地毯的绒纱时能够达到一定的藏垢效果。如今的地毯图案丰富、样式精美，一块精致的地毯除了多种实用价值以外还具有美学欣赏价值和独特的收藏价值。

　　地毯按其材质可分为纯毛地毯、混纺地毯、化纤地毯、塑料地毯、藤麻地毯等，如图6-3所示。

1. 纯毛地毯

中国的纯毛地毯以土种绵羊毛为原材料，其毛质细密、光泽柔亮，具有弹性，受压后即刻恢复原状，是高级客房、会堂、舞台等地面高级装修材料。

2. 混纺地毯

混纺地毯以毛纤维与各种合成纤维混纺而成的材料为原材料。混纺地毯中因掺有合成纤维，因此价格较低，使用性能有所提高。

3. 化纤地毯

化纤地毯也称合成纤维地毯，如丙纶化纤地毯、腈纶化纤地毯、尼龙地毯等。化纤地毯耐磨性好并且富有弹性，价格较低，适用于一般建筑物的地面装修。

4. 塑料地毯

塑料地毯质地柔软、色彩鲜艳、舒适耐用，不易燃烧且可自熄，不怕湿，多用于宾馆、商场、舞台、住宅等。

5. 藤麻地毯

藤麻地毯一般分为粗麻地毯、细麻地毯、剑麻地毯，其材质具有质朴感和清凉感，是乡村风格最好的烘托元素，可与布艺沙发、藤制茶几等曲线优美的家具相互呼应。

图6-3　地毯材质分类

　　地毯还可按照款式分为成卷地毯与块状地毯，如图6-4所示。化纤地毯、塑料地毯以及纯毛地毯常按整幅成卷供货，铺设成卷地毯可使室内具有宽敞感、整体感。但成卷地毯更换不便，只适用于特定场所。块状地毯由若干块地毯组成，其铺设方便灵活，位置也可随意变动，为室内设计提供更多的选择性，既经济又美观。块状地毯还能使室内功能区有所划分，床前毯、门口毯等多采用块状地毯。

图 6-4　地毯款式分类

三、挂毯

挂毯也称壁毯，其原料和编织方法与地毯相同，是挂在墙壁、廊柱上做装饰用的毯类工艺品，如图 6-5 所示。自古以来，我国新疆、西藏、内蒙古等地善用羊毛编织挂毯，多以人物、花草、鸟兽等为素材，图案式样繁复严整、富有韵律，色彩明丽多变，富有浓郁的民族特色，表达了对美好生活的热爱与向往。后期摄影、油画、国画等其他艺术形式作品也可以借由挂毯的形式表现出来。

大型挂毯多用于礼堂、俱乐部等公共场所，小型挂毯多用于住宅等。

挂毯不仅具有御寒保暖、防潮、隔音、吸光等实用功能，更具装饰性、收藏性，能将织物的艺术之美融入人们的生活中。

图 6-5　挂毯

四、床品

床品主要包括枕套、被套、床单等床上布艺，在卧室舒适性的营造方面有着至关重要的作用。柔软亲和的床上布艺有利于人体健康，舒适的触感有助于人们放松休息，能营造出良好的睡眠氛围。

选取恰当的床品还具有装饰卧室空间的作用，即使是非常简单的床铺，在织物的搭配下也会带来美的享受。例如，使用床帘就可以将校园宿舍的床铺改造成具有个人风格的温馨私人小空间。

　　不同的床品还有着调节空间氛围、调节人们心情的作用。例如，冬季可以选择暖色调的床品为卧室增添视觉上的温暖感，夏季可以选择简单淡雅的冷色调床品，让人在室内感受到清爽的气息，如图 6-6 所示。

图 6-6　床品

五、台布

　　台布是覆盖于台面、桌面上用以防污或增加美感的织物，因为一般覆盖于桌面上，因此也称作桌布。由于国内外使用习惯、桌子规格形状的不同，台布类别也有不同，如餐桌圆形牙边台布、餐桌方形平边台布、餐桌圆形镶穗台布、卧室床头柜花边台布等，如图 6-7 所示。

　　近年来，人们越来越重视生活品质，追求生活中的仪式感，记录自己的生活点滴，美观易换的布艺台布也被越来越多地采用，为人们的生活增添不同的色彩。

图 6-7　台布种类

续图 6-7

第 2 节　灯　　具

灯具，是指能透过、分配和改变光源光线分布，使光源可靠地发出光线，以满足人类从事各种活动时对光线需求的一种照明器具。它包括除光源外所有用于固定和保护光源所需的全部零部件以及与电源连接所必需的线路附件。

现代灯具包括家居照明、商业照明、工业照明、景观照明等。家居照明由最早的白炽灯泡逐渐发展到卤钨灯、卤素灯、节能灯、LED 特殊材料照明等。早期的灯具以实用性为主，造型简单，没有过多的装饰，如今灯具的设计不仅注重灯具本身的艺术造型，还注重设计灯光色对环境氛围的烘托作用。现代灯具的设计融入许多装饰性元素，同灯饰的概念逐渐接近，可以说现代的灯具不再只是单纯的实用工具，更带有装饰艺术品的意味。

灯具按照造型分类主要有吊灯、吸顶灯、壁灯、筒灯、射灯、落地灯、台灯等。不同造型的灯具有其独特的功能特色，适合不同的环境场所。吊灯、吸顶灯、壁灯、筒灯和射灯都是安装在固定位置的灯具，不可移动，属于固定式灯具。落地灯、台灯则是属于移动式灯具，可以按照用户的心意随时更换放置的地方。

一、吊灯

吊灯是吊装在室内天花板上的高级装饰用照明灯。吊灯有直接、间接、向下照射及均匀散光等多种灯形，造型繁多，常见的有欧式烛台吊灯、中式吊灯、水晶吊灯、时尚吊灯等，如图 6-8 所示。用于居室的吊灯分单头吊灯和多头吊灯两种，前者多用于卧室、餐厅；后者宜装在客厅。现在的吊灯吊支上已安装了弹簧或高度调节器，可根据不同的高度需要进行调试。

图 6-8　吊灯

二、吸顶灯

吸顶灯上部较平，紧靠屋顶安装，像是吸附在屋顶上，因此得名。常用的吸顶灯有方罩吸顶灯、圆球吸顶灯、半圆球吸顶灯、半扁球吸顶灯、尖扁圆吸顶灯、小长方罩吸顶灯等，如图 6-9 所示 。由于现代住宅层高较低，吸顶灯因其可直接装在天花板上这一特性被广泛使用于客厅、卧室、厨房、卫生间等处照明。吸顶灯安装简易，款式简洁大方，赋予空间清朗明快的感觉。

图 6-9　吸顶灯

续图 6-9

三、壁灯

壁灯（见图 6-10）是安装在室内墙壁上的辅助照明装饰灯具。壁灯光线淡雅和谐，可将室内环境点缀得优雅富丽，适合用于卧室、过道、楼梯间、卫生间等。其种类较多，常用的有床头壁灯、变色壁灯、镜前壁灯等。

图 6-10　壁灯

四、筒灯

筒灯（见图 6-11）是一种点光源灯具，一般装设在卧室、客厅、卫生间的周边天棚上。相对于普通明装，筒灯灯具更具有聚光性，一般用于普通照明或辅助照明。筒灯不占据空间，可增加空间的柔和气氛，如果想营造温馨的感觉，可试着装设多盏筒灯，减轻空间压迫感。

图 6-11　筒灯

五、射灯

射灯是一种高度聚光的灯具，可安置在吊灯四周或家具上部，也可置于墙内、墙裙或踢脚线里。射灯光线直接照射在需要强调的家什器物上，以突出主观审美作用，达到重点突出、环境独特、层次丰富、气氛浓郁、缤纷多彩的艺术效果。射灯光线柔和，既可对整体照明起主导作用，又可局部采光、烘托气氛。（见图6-12）

图6-12　射灯

六、落地灯

落地灯一般由灯罩、支架、底座三部分组成，常布置在客厅和休息区域里，与沙发、茶几配合使用，用作局部照明，并且对于角落气氛的营造十分实用。落地灯的设计侧重强调移动时的便利性。落地灯的采光方式若是直接向下投射，适合阅读等需要精神集中的活动；若是间接照明，可以调整整体的光线变化。在当代家居设计中，具有时尚独特造型的落地灯使用相当普遍，如图6-13所示。

图6-13　落地灯

七、台灯

台灯（见图6-14）是室内用来照明的常用电器，按形式分为立柱式和带夹子式两类，按材质分为陶灯、木灯、铁艺灯、铜灯等，按功能分为护眼台灯、装饰台灯、工作台灯等，按光源分为灯泡台灯、插拔灯管台灯、灯珠台灯等。台灯的照射范围相对较小且集中，便于人们工作学习。现代生活中，轻装修、重装饰的理念深入人心，台灯造型丰富多样，其装饰价值与使用价值同等重要。

图 6-14　台灯

第 3 节　绿化配置

　　室内绿化是提升、改善室内环境的重要手段。适当的绿化配置可为人们营造更加健康舒适的工作生活环境，调节人们生理、心理的状态。尤其在当代城市环境污染日益严重的情况下，人们追求自然的愿望显得更为迫切。因此，通过绿化室内，把生活、学习、工作、休息的空间变成绿色的空间，是环境改善极为有效的手段，它不但对社会环境的美化和生态平衡有益，而且对人们工作、生活也有很大的促进。

　　室内绿化是装点生活的艺术，借由盆栽、盆景、插花等方式，既具有审美价值，可美化环境，又能为室内增添自然的生气，净化空间，有利于人们的身心健康，满足人们精神上的需求。

一、盆栽

　　盆栽（见图6-15）是指种植在盆器里的植物，由中国传统的园林艺术变化而来。对观赏植物的栽培，起源于古代园林造景。与盆景不同的是，盆栽对植物造型并无严格要求，只需要将原本植物栽入盆中，不需要对植物进行一定的艺术加工来供人们进行观赏。

　　盆栽以树高进行分类：①特大型盆栽，90厘米至150厘米以下；②大型盆栽，75厘米至90厘米以下；③中型盆栽，30厘米至75厘米以下；④小型盆栽，30厘米以下。

　　盆栽种类繁多，以树种分类有常绿阔叶植物，如榕、赤榕、象牙树等；常绿针叶植物，如黑松、赤松、锦松等；杂木、花木，如梅花、紫藤、山茶等；果实树、竹类、草类等。

图6-15　盆栽

二、盆景

盆景（见图6-16）是中国的一种传统的艺术造型，有着独特的艺术魅力与意境。盆景需要进行精心的培育和艺术加工，才能制作成功。生活中常见的盆景主要是山水盆景以及树桩盆景，这样的盆景通常都是以山石、植物和水、土等作为原材料，随后将其搭配设计，使其成为大自然的缩影，带有深远的意境。

图 6-16　盆景

对于山水盆景来说，首先需要选好一个盆景主题，随后依据主题去选择适合的山石进行加工，将山石勾勒雕琢出想要的造型，之后再在山石和盆土上面种植或者是搭配草木，辅之以鸟兽等饰品进行衬托，使其成为小中见大的艺术造型。

树桩盆景则用树木的老干树桩设计而成，利用树桩自身的形状，将其设计修剪，或是利用金属丝进行捆扎弯曲，从而让树桩呈现斜干、悬崖、附石等形态，形成千姿百态的盆景造型，具有不一样的风格魅力。

三、插花

插花即指将剪切下来的植物的枝、叶、花、果作为素材，经过一定的技术（修剪、整枝、弯曲等）和艺术（构思、造型、设色等）加工，重新配置成一件精致完美、富有诗情画意、能再现大自然美和生活美的花卉作品的艺术形式。插花艺术的起源应归于人们对花开的热爱，通过对花开的定格，表达一种意境来体验生命的真实与灿烂。对中国人而言，插花艺术被视为天人合一的宇宙生命之融合，以花作为主要素材，在瓶、盘、碗、缸、筒、篮、盆七大花器内造化天地无穷奥妙的一种盆景类的花卉艺术，其表现方式十分雅致，使人看后赏心悦目，获得精神上的满足。

当今世界插花流派众多，从总体上可分为两种，一种是以欧美为代表的西方风格插花，另一种是以中国、日本等为代表的东方风格插花。这两种插花风格有着较明显的区别。

西方风格插花（见图6-17）注重色彩的渲染，强调装饰丰茂，布置形式多为几何形体，表现为人工的艺术美和图案美。

（1）用花数量比较大，有花木繁盛之感。一般以草木花卉为主，如香石竹、扶郎花、百合、菖兰、菊花、马蹄莲和月季等。

（2）形式注重几何构图，比较多的是讲究对称型的插法，常见形式有半球形、椭圆形、金字塔形和扇面形等"大堆头"形状，也有将切花插成高低不一的不规则变形插法。

（3）插花色彩力求浓重艳丽、创造出热烈的气氛，具有豪华富贵之气。花色相配，较多采用一种花的几个颜色，每个颜色组合在一起，形成多个彩色的块面，因此有人称其为色块插花；亦有将各色花混插在一起，创造五彩缤纷的效果。

图6-17　西方风格插花

中国和日本等国的东方风格插花（见图6-18）崇尚自然，朴实秀雅，富含深刻的寓意。

（1）使用的鲜花不求繁多，只需插几枝便能起到画龙点睛的效果。造型较多使用青枝绿叶来勾线、衬托。常用的枝叶来自银柳、十大功劳、火棘、八角金盘、棕榈和松树等。

（2）形式上追求线条、构图的完美和变化，崇尚自然，简洁清新。造型构图讲究丽姿佳态，达到虽由人作、宛如天成之境。或似幽静绝妙的风景小品，或成一幅折枝花卉图。排列处置就像绘竹那样，"只须两三竿，清风自然足"，要求删繁就简，并确立了三大主枝构成不等边三角形的定位方法，高低横斜遵循一定规则，但又不拘成法。

（3）东方风格插花用花朴素大方，清雅绝俗，一般只用两至三种花色，简洁明了。对色彩的处理，较多运用对比色，特别是利用容器的色调来反衬花卉；同时也采用协调色。这两种处理方法，通常都需要用枝叶衬托。

因东西方不同风格的插花方式，人们常把西方风格插花称为块面式插花，把东方以勾线来表现插花的形式叫作线条式插花。

图 6-18　东方风格插花

第 4 节　其 他 陈 设

一、艺术品陈设

艺术品陈设是室内设计中不可缺少的一部分。从表面上看，部分艺术品陈设仅作为装饰物品点缀室内空间，丰富视觉效果，但从更深层次来看，艺术品陈设还是表达精神思想的媒介，传递多种思想观念及内涵。艺术品陈设丰富了人们对美的感受，提升了室内环境的文化氛围及人们的生活品位，使人们的生活更加美好。

（一）美术作品

美术作品是指绘画、书法、雕塑等以线条、色彩或者其他方式构成的平面或者立体的造型艺术作品。美术作品包括纯美术作品和实用美术作品，其中纯美术作品是指仅能够供人们观赏的独立艺术作品，如国画、油画、版画、水彩画等，实用美术作品则是指将美术作品的内容与具有使用价值的物体相结合，使物体借助美术作品的艺术品位而兼具观赏和实用价值，如陶瓷艺术等。

　　美术作品涵盖范围十分广泛，包括绘画、书法、摄影、雕塑等艺术作品，其形式多样，色彩丰富，可展现浓厚的文化底蕴，如图 6-19 所示。

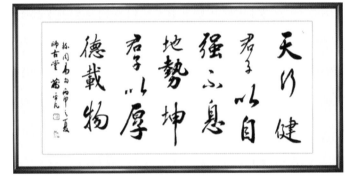

图 6-19　美术作品

（二）工艺品

　　工艺品即通过手工或机器将原料或半成品加工而成的有艺术价值的产品。工艺品来源于生活，是人民智慧的结晶。其种类繁多，内容丰富，充分体现了人类的创造性和艺术性。在居室环境中，工艺品为室内增添情趣，具有独特的艺术表现力和感染力，如图 6-20 所示。

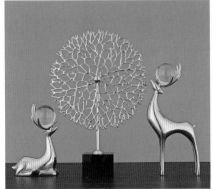

图 6-20　工艺品

续图 6-20

二、生活用品陈设

    生活用品是指生活中使用的常用物品的统称。这些物品在我们的生活中随处可见，并作为人们日常生活的必需品。现代设计为人们提供了多种多样的生活用品选择。物品款式的选择与摆放，为室内环境增添了更多趣味。生活用品陈设如图 6-21 所示。

    生活用品的种类较多，包括餐具、茶具、收纳箱、镜子、花瓶、水果篮等，其使用的材质也十分多样，包括玻璃、金属（金、银、铜、不锈钢）、塑料等。

图 6-21　生活用品陈设

JIAJU YU CHENSHE SHEJI

第 7 章
家具与室内陈设

第 1 节   室内陈设的意义和分类

一、室内陈设的意义与作用

室内陈设是室内环境不可或缺的重要部分。如果一个室内空间环境中没有室内陈设，那么这将是一个单调、空洞、毫无特色的空间，只会让人感到乏味。恰到好处的陈设不仅可以丰富室内环境空间的层次，还可以提升空间的气质，彰显个性。室内陈设设计就是让设计者根据环境特点、功能需求、审美要求、使用对象要求、工艺特点等要素，对空间各种物品进行综合性规划，设计出高舒适度、高品位的理想环境，使室内空间环境达到功能性和美观性的和谐统一。

室内陈设具有以下作用。

1. 改善空间层次形态

一般而言，由钢筋混凝土所构建的室内空间结构不能轻易改变，通过家具、地毯、植物等陈设品的摆设对室内进行布局设计即可丰富原本的空间形态。例如，餐厅里利用屏风划分出若干个小区域，或是选择适合的窗帘装饰空洞的窗型。发挥这些陈设品功能、色彩、质地的作用，可以进一步发挥出其限定空间、划分空间、组织空间、引导空间的作用，使人在视觉上和心理上产生不同的空间感，丰富室内的层次关系，修饰空间的形态，甚至是弥补初始空间的瑕疵，将其改善得更为舒适美观，如图 7-1 所示。

2. 调节室内环境、柔化空间

室内陈设品的种类丰富，色彩多样。陈设品的搭配以及感染力能够调节室内环境，进而影响人们的心理和生理感受。例如，明丽的色彩装饰能为人们带来好心情；柔软的织物弱化了空间的冷硬感，为人们带来舒适感；绿植净化室内空气，改善室内生态环境，为人们舒缓压力等。这些陈设品的存在使空间不再冷漠单调，而是柔和、充满生机，是人性化观念在室内陈设设计中的具体体现。（见图 7-2）

3. 营造室内意境气氛

陈设品在室内环境中有着较强的视觉感知度，因此利用室内陈设设计可以对内部环境进行意境营造，烘托室内气氛。气氛是内部空间给人带来的整体印象，意境则是内部环境所要集中体现的某种思想或是主题。两者都是人们精神层面的需求。陈设品本身具有的视

图 7-1　室内陈设改善空间层次　　　　　　图 7-2　室内陈设柔化空间

觉要素能够启发人们的联想，营造相关的氛围，对室内意境的创造有着重要作用。例如，盆景、古玩、陶瓷等陈设品带有东方意韵，能营造一种雅致的文化氛围（见图 7-3）；年画、灯笼、剪纸等则有一种喜庆的节日气氛。

图 7-3　室内陈设营造意境

4. 强化室内空间风格

室内风格是由室内装修和陈设品布置共同塑造的。同室内硬装一样，室内陈设也有着不同的风格，如中式风格、田园风格、欧式古典风格等。不同历史时期的社会文化氛围、审美取向赋予了陈设艺术不同的特性。陈设品的造型、图案、色彩、质地所传递出的文化信息对环境风格的营造有重要作用，对使用者视觉、触觉的感知以及心理印象都有影响。陈设品的合理选择对室内环境风格有强化作用。（见图 7-4）

5. 体现文化特色及个人喜好

许多陈设品的形式、内容、风格都体现了地域、民族文化的特征。不同地域的人、不同民族都会有不同的风俗习惯。陈设品本身的造型、色彩、纹样就体现了这个地域、这个民族的文化特色，而地域文化的差异使同类陈设品的设计也有着不同的内涵及形式。当室内设计需要表现特定的地域或民族特色时，就可以通过陈设品设计来展现。

室内陈设不仅是室内环境的必需，也能体现设计师或使用者的选择，对陈设的设计更能表现出设计师或使用者的喜好、个性及文化修养，是彰显自我、表现自我的有效方式。

人们会根据自己的喜好、需求去进行陈设设计，为室内空间打上独一无二的标签，赋予室内空间独特的精神价值和含义。（见图7-5）

图7-4　室内陈设强化空间风格　　　　　图7-5　室内陈设体现文化特色及个人喜好

二、室内陈设的分类

（一）空间环境分类

　　室内空间的形式多样，不同的空间功能不同，对陈设品的需求也存在差异。这就要求设计师在对空间进行陈设设计时，把握特定空间的需求，使陈设品满足空间的使用要求，营造良好空间环境。总的来说，室内陈设空间环境可分为居住空间陈设和公共空间陈设两大类。

1. 居住空间陈设

　　居住空间的陈设设计应注重陈设品对人感知空间环境时的心理影响。居住空间陈设不仅需要满足居住者的实用需求，还应注重居住者在空间中由直觉引起的身心感受。以人为本是空间设计的核心，在居住空间中要利用家具、织物、灯具、绿植等陈设元素创造出多种形态的空间层次，装饰美化空间，提升生活品质，使居住空间具备生态化、舒适化、个性化等特点，以适应当代人的审美观念和生活需求。只有将居住空间陈设品安排得当，才能营造出舒适宜人的居住空间，打造出人性化的家居空间。

2. 公共空间陈设

　　公共空间是指供城市居民日常生活和社会生活公共使用的室外及室内空间。公共空间的室外部分包括街道、广场、公园等，室内部分则包括学校、酒店、剧院等建筑空间的公共部分。公共空间陈设范围广泛，可分为商业空间陈设、餐饮空间陈设、娱乐空间陈设及办公空间陈设。

1）商业空间陈设

　　商业空间主要是满足人们购买与销售需要的空间，如商场、超市等购物空间。人的购物行为与购物环境是密不可分的。随着社会经济文化的发展，单纯的购物型空间已经不能满足当代人的精神需求，消费者更加向往富有生活气息以及艺术气息的消费空间。利用陈设艺术合理地使用空间、烘托空间气氛，用最短的时间抓住消费者的目光，打造符合现代人们生活方式的商业环境就是商业空间陈设设计的宗旨。在现代商业空间设计中，各类陈设方式对商业空间的氛围营造起到了重要作用，商业空间陈设也是商业环境文化内涵和品位的表现。许多品牌为自己设计了具有标志性的门店形象，这对产品的品牌塑造以及品牌的推广都有着积极的作用。（见图 7-6）

图 7-6　商业空间陈设

2）餐饮空间陈设

餐饮空间是为人们享用美食、宴请宾客、举行社交活动所提供的经营空间。餐饮空间可分为中式餐厅、西式餐厅、快餐厅、咖啡厅、宴会厅等多种类型。餐饮空间的陈设设计应考虑到用餐环境对客人生理及心理情感的影响，如灯光的效果、餐具的搭配等，需要结合各种饮食风俗的特点，发挥创造力，做到既能引起客人食欲，又能突出饮食文化特征及具有明显风格特色的餐饮环境。餐饮空间文化氛围的营造越来越多地借助标志特色向受众传递信息。作为信息载体的陈设，可以很好地强化餐饮空间的装饰效果和气氛，突出餐饮空间的文化主题与内涵特色。（见图 7-7）

图 7-7　餐饮空间陈设

3）娱乐空间陈设

娱乐空间是人们进行公共性娱乐活动的空间场所。随着社会经济的迅速发展，其设计要求也越来越高。娱乐空间包括电影院、KTV、电子游戏厅、台球室等。其娱乐形式决定了空间形态和装饰手法。不同的娱乐形式对娱乐空间功能有着不同的要求。在娱乐空间中，陈设的装饰运用、总体的布局也应围绕娱乐活动的顺序展开。气氛的表现往往是娱乐空间的设计要点。选择与室内风格一致的陈设品是娱乐空间陈设设计较为常规的手法，但有时为了产生较强的视觉效果，也会适当选取一些在造型、色彩等方面较为突出的陈设品，从而产生对比，丰富视觉效果。同时，为确保娱乐活动的安全进行，陈设设计需保证娱乐环境的安全，以及尽量减少对周边环境的不良影响。（见图7-8）

图7-8　娱乐空间陈设

4）办公空间陈设

办公空间，是集办公、召开会议等功能于一体的办公区域。办公空间设计是指对布局与空间进行物理和心理分割。其空间设计的最大目标就是要为工作人员创造一个舒适、方便、卫生、安全的工作环境，以便最大限度地提高员工的工作效率。同时，进行办公空间陈设设计还要注意利用陈设品对空间的点缀作用来调节室内的单一环境。办公空间具有不同于普通住宅的特点，其室内陈设应从有利于办公组织并从采光、通风等角度进行考虑设计。办公空间的最大特点是公共化，因此办公空间陈设要照顾到多个员工的审美需要和功能要求，使陈设品与空间场所相协调，带来良好的视觉效果。（见图7-9）

图7-9　办公空间陈设

（二）陈设品使用功能分类

室内陈设艺术中，按照陈设品的使用功能及性质，可以将陈设品分为实用性陈设品和装饰性陈设品两大类。

1. 实用性陈设品

一般将具有使用功能的陈设品归为实用性陈设品，如各类家具、家电、器皿、织物等，它们以实用功能为主，同时也具有良好的装饰效果。

2. 装饰性陈设品

装饰性陈设品是纯观赏性物品，不具备使用功能，仅做观赏用，如绘画、雕塑等艺术品及部分高档手工工艺品等。它们或具有审美和装饰的作用，或具有文化和历史的意义。

（三）陈列方式分类

室内陈设的陈列方式主要有五种，即墙面悬挂、桌面布置、架上展示、地面陈列、空中悬挂。不同形式的室内陈设根据需求采用不同的陈列方式布置在适宜的区域，可营造多层次的空间环境。

（四）使用材料分类

室内陈设品种丰富，材质各具特色。有些材质本身具有天然的美感及风格表现力，能够使人们在视觉、触觉等方面产生相应的印象及联想。室内陈设使用的材料（或元素）可分为传统材料、现代材料及绿色植物。

传统材料主要包括铁、铜、铝、陶瓷、水泥、塑料等。传统材料多用于制作传统工艺品，借由材料的肌理感表现传统工艺品的独特韵味，赋予室内空间一定的传统文化风格。

现代材料则是在现代社会科技飞速发展条件下产生的新型材料，如纳米材料、超导材料、高转换率的太阳能电池等。将先进的加工工艺与简约的设计结合，可使室内陈设呈现出轻质、高级的现代风格。

绿色植物对调节室内生态环境有着良好效果，既是天然吸尘器，也是现代减轻辐射危害的好帮手。室内陈设设计中常用的绿色植物有绿萝、仙人掌、芦荟、散尾葵、垂叶榕、常春藤等。

第2节　室内陈设风格

室内陈设风格是以不同的文化背景、地域特色作为依据，通过各式各样的设计元素来营造一种特有的装饰风格，并且多由软装进行表现。室内陈设风格基本可分为八大类：新古典风格、古典欧式风格、美式乡村风格、新中式风格、地中海风格、现代简约风格、日式风格、东南亚风格。

一、新古典风格

"形散神聚"是新古典风格的主要特点。新古典风格在注重装饰效果的同时，用现代的手法和材质还原古典气质，具备了古典与现代的双重审美效果，古典与现代的完美结合也让人们在享受物质文明的同时得到了精神上的慰藉。新古典风格是融合风格的典型风格代表，但这并不意味着新古典风格的设计可以随意使用现代元素，新古典风格更不是古典与现代两种风格及其产品的简单堆砌。试想，在浓郁的艺术氛围中，放置一个线条简单、形态怪异的家具，其效果也会不伦不类，令人瞠目结舌。新古典风格注重线条的搭配以及线条与线条之间的比例关系。新古典风格的家居设计能否成功，更多地取决于陈设的搭配和材质的选择是否合理。

新古典风格更多地使用现代技术、现代材料来表现绚丽、舒适的精致生活，同样讲究材料运用上的反差，摒弃过于复杂的机理和装饰，简化线条，并将怀古的浪漫情怀与现代人对生活的需求相结合，是流行的家居风格。（见图7-10）

二、古典欧式风格

古典欧式风格是以华丽的装饰、浓烈的色彩、精美的造型达到富丽堂皇的装饰效果。古典欧式客厅顶部常用大型灯池，如用华丽的枝形吊灯营造气氛；门窗上半部多做成圆弧形，并用带有花纹的石膏线勾边；室内有真正的壁炉或假的壁炉造型；墙面用高档壁纸或优质乳胶漆，以烘托豪华效果。

古典欧式风格空间用家具和软装来营造整体效果。室内所有摆设如油画、经典造型家具等都经过精心挑选；壁纸、仿古砖、石膏装饰线等与家具在色彩、质感及品位上完美地融合在一起，突显出古典欧式风格家居雍容大气的特点。

根据时期的不同，古典欧式风格还可细分为文艺复兴风格、巴洛克风格、洛可可风格等。

1. 文艺复兴风格

这一装饰风格的居室色彩主调为白色，家具、门、窗多漆成白色，家具、画框的线条部位以金线、金边装饰；采用古典弯腿式家具；客厅不露结构部件，强调表面装饰，多运用细密绘画的手法，色彩丰富；多用带有图案的壁纸、地毯、窗帘、床罩、帐幔以及古典画等物件装饰，从而体现华丽的效果。（见图7-11）

图7-10　新古典风格　　　　　　　　图7-11　文艺复兴风格

2. 巴洛克风格

巴洛克风格在意大利文艺复兴时期开始流行，可呈现豪华、动感、多变的效果，空间上追求连续性，追求形体的变化和层次感。一般而言，巴洛克风格的室内不会横平竖直。

这一风格的室内墙体结构常带一些曲线：尽管房间还是方的，里面的装饰线却不是直线，而是华丽的大曲线。房间里面、走廊上常放置塑像和壁画，塑像和壁画与室内空间融为一体。巴洛克风格装饰多使用曲线、曲面、断檐、层叠的柱式，有断开或者叠套的山花等，不顾忌传统的构图特征和结构逻辑，敢于创新，善于运用透视原理。采用巴洛克风格装饰的室内外色彩鲜艳，光影变化丰富。（见图 7-12）

3. 洛可可风格

洛可可风格主要起源于法国，代表了巴洛克风格的最后阶段。路易十五时期，沉湎于声色犬马之中的宫廷文化影响了当时的社会文化，此时期的装饰风格被称为洛可可风格。洛可可风格装饰大多小巧、实用，不讲究气派、秩序，呈现女性气势。洛可可风格大量运用半抽象题材的装饰，以流畅的线条和唯美的造型著称，常使用复杂的曲线；装饰主题有贝壳、卷涡、水草等，装饰素材形态皆取材于自然；尽量回避直角、直线和阴影，多使用鲜艳娇嫩的颜色，如金、白、粉红、粉绿等；室内陈设精巧细致，具有很高的工艺水平，如图 7-13 所示。

图 7-12　巴洛克风格　　　　　　　　　　图 7-13　洛可可风格

三、美式乡村风格

美式乡村风格摒弃了烦琐和奢华，并将不同风格中的优秀元素汇集融合，以舒适机能为导向，强调回归自然，这种风格使人更加轻松、舒适。美式乡村风格突出强调生活的舒适和自由，不论是笨重的家具，还是带有岁月沧桑感的配饰，都在告诉人们这一点。特别是在墙面色彩选择上，自然、怀旧、仿佛散发着浓郁泥土芬芳的色彩是美式乡村风格的典型特征。美式乡村风格的色彩以自然色调为主，绿色、土褐色最为常见，壁纸多为纯纸浆质地，家具颜色多仿旧漆，式样厚重，充分显现出乡村的朴实风味。布艺是美式乡村风格中非常重要的元素（本色的棉麻是主流），布艺的天然感与美式乡村风格能很好地协调。具有繁复的花鸟虫鱼图案的布艺很受欢迎，令人觉得舒适和惬意。摇椅、小碎花布、野花盆栽、小麦草、水果图案、瓷盘、铁艺制品等都是美式乡村风格空间中常用的家具及陈设。（见图 7-14）

四、新中式风格

新中式风格（见图 7-15）是中式风格在现代意义上的演绎，它在设计上汲取了唐、明、清时期家居理念的精华，在空间上富有层次感，同时改变了原有中式风格布局中体现等级、尊卑等封建思想的元素，给传统家居文化注入了新的生命力。新中式风格的家具颜色都比较深，并且带有浓浓的书卷气息，这一风格能彰显主人的优雅气度。

　　与新古典风格一样，新中式风格也具备古典与现代的双重审美效果。

图 7-14　美式乡村风格

图 7-15　新中式风格

五、地中海风格

　　地中海风格的特点是在组合上注意空间搭配，充分利用每一寸空间，集装饰与实用于一体；在色彩上选择自然柔和的颜色，蓝色与白色是其代表颜色；在墙面、桌面等地方用石材的纹理来点缀；常采用手工漆刷白灰泥墙、深蓝色屋瓦和门廊、拱廊与拱门以及陶砖等室内结构元素。（见图 7-16）

　　地中海风格在设计上非常注重装饰细节上的处理，如中间镂空的玄关，造型特别的灯饰、椅子等。地中海风格的室内地上、墙上、木栏上处处可见花草藤木组成的立体绿化。此风格整体设计令人感觉温馨、惬意、宁静，适合工作十分忙碌的上班族，他们白天顶着压力在冷硬的工作环境中拼搏，晚上回到家，家就成了他们心灵的栖息地。

图 7-16　地中海风格

六、现代简约风格

简约不等于简单，现代简约风格（见图 7-17）是设计师深思熟虑后经过创新得出的设计和思路的延展，不是简单和平淡，也不像有些设计师粗浅理解的直白。比如，床头背景设计有时简约到只有一个十字挂件，但是这一设计凝结着设计师的心血，既美观又实用。

现代简约风格不只是说装修，还反映在家居配饰上的简约。比如，屋子不大，就没有必要为了显得阔绰而购置体积较大的物品，而应该就生活所必需来购买，而且应以不占空间、可折叠、多功能等为购买要素。简约代表着从务实出发，切忌盲目跟风。简约的背后也体现了一种现代消费观，即注重生活品位、注重健康时尚、注重合理节约的科学消费。

对比是现代简约风格中常用的设计手法，是将两种不同的事物、形体、色彩等进行对照，如方与圆、新与旧、大与小、黑与白、深与浅、粗与细等，把两个明显对立的元素放在同一空间中，经过设计，使其既对立又和谐、既矛盾又统一，在强烈反差中获得鲜明对比，求得互补和圆满的效果。

图 7-17　现代简约风格

七、日式风格

日式风格（见图 7-18）总能使人感到舒适、放松、安闲，其淡雅、简洁的风格特点秉承了日本传统美学对自然的推崇，也表现了日本人讲究禅意，对清新文雅生活的追求。日式风格室内注重空间的流动与分隔，流动则为一室，分隔则为几个功能空间，空间朴素、禅意无穷。日式风格多采用沉静温和的自然色彩，多偏好原木色、米色，大量使用天然原木、竹、藤、麻等材料，保留素材的原本面貌以及独特肌理，既给人回归自然的感觉，又减少了对人体有害的物质。日式风格居室布置优雅、整洁，有较强的几何感，木格拉门、半透明障子纸以及榻榻米木板是其典型元素。室内家具整体较低矮，线条简洁、造型大方，装饰与点缀较少，门窗简洁透亮，营造室内温馨质朴的氛围。

日式风格陈设的另一特点在于它的实用性远远高于其他风格，是使空间利用最大化的设计。白天，将室内空间摆上桌子与坐垫，这个空间便成为客厅或书房；晚上，将寝具铺在榻榻米上，又能成为卧室。这样的设计可以解决一般住宅中客房、次卧利用率低的烦恼，让空间的运用更有弹性。

图 7-18 日式风格

八、东南亚风格

东南亚风格（见图 7-19）的家居设计最大的特点就是具有来自热带雨林的自然之美和浓郁的民族特色，在珠三角地区更是流行。

由于东南亚地处热带，气候闷热潮湿，为了避免空间的沉闷压抑，因此东南亚风格在装饰上多用夸张艳丽的色彩以冲破视觉的沉闷；斑斓的色彩其实就是大自然的色彩，在色彩的使用上回归大自然也是东南亚家居陈设的特色。

东南亚风格的特点是取材自然。这一风格陈设品多使用质朴的天然材料，搭配布艺的恰当点缀，不但不会显得单调，反而会使气氛相当活跃。在布艺色调的选用方面，东南亚风格装饰标志性的颜色系列多为深色系，沉稳中透着贵气。搭配也有很简单的原则：深色的家具适宜搭配色彩鲜艳的装饰，而浅色的家具则应该选择浅色或者对比色。搭配风格浓烈虽然是东南亚风格的特点，但也不能过于杂乱，不然会使空间过于复杂、显得累赘。东南亚风格中不可缺少的设计元素包括木石结构、砂岩装饰、墙纸以及浮雕。另外，运用具有东南亚地域特色的陈设，可以营造出清凉舒爽的感觉。

图 7-19　东南亚风格

第 3 节　室内陈设品的选择与布置

一、灯具的选择与布置

　　光环境设计作为现代家装设计的重要方面之一，在家装设计中越来越受到重视。室内光源有光照范围及明暗的变化，关系着空间的交接与划分。光的变换同时意味着环境的变换、主题的变换、心情的变换，因此，不同的光可以定义不同的空间，塑造不同的主题，影响空间中的情感和发生的事件。灯光是不可缺少的视觉媒体，有了足够的光的变化，家居的色彩才会有充分展示的空间，不论淡雅的色调还是浓厚的风格，由于有了光的存在，室内这个空间才是有生命的。在某种意义上，没有灯光就不会有色彩和造型。设计师在进行设计时，应该充分运用光线的作用，通过正确选择光源种类、照明方式、灯具数量，对光的布局形式、光源类型、灯具造型以及配光方式进行合理安排，对居室环境合理优化，形成室内设计独特的语言风格。

（一）室内灯具的选择

　　灯具是光线的载体，不仅给居室带来光明，而且具有强烈的装饰效果。合理地选择灯具、协调地布置灯具是现代居室装饰的重要环节。灯具的选择在原则上应适合空间体量和形式，并能符合空间的用途和风格。灯具造型应与环境相协调，安上合适的灯具，将会给家居生活增添无限的情趣。灯具设计是和时代特征同步的。时代的审美和流行元素会影响到设计领域的方方面面，作为产品出现的灯具也体现了这一点。因此，选择带有时代和地域特点的灯具是加强室内陈设设计风格的重要手段，如图 7-20、图 7-21 所示。

图 7-20　北欧风格灯具搭配

图 7-21　自然风格灯具搭配

（二）灯具的安装与布置

灯具安装需符合照明原则，才会体现照明功能，并有好的装饰效果。

（1）灯具照明一定要保证各种活动所需的不同光照的实现。写作、游戏、休息、会客等活动都应有相应的灯具发挥作用。这种照明应该是科学的配光，使人不觉得疲倦，既有利于眼睛健康，又节约用电。

（2）灯具照明要能把房间衬托得更美。光的照射要照顾室内各物的轮廓、层次及主体形象，对一些特殊陈设如摆件、挂画、地毯、花瓶、鱼缸等，还要能体现甚至美化其色彩。

（3）灯具照明要安全与可靠，不允许发生漏电、起火等现象，还要做到一开就亮、一关就灭。

（三）灯具选择与布置的原则

第一，应根据自己的实际需求和个人喜好来选择灯具的样式。比如，注重灯的实用性，就应挑选黑色、深红色等深色系镶边的吸顶灯或落地灯；注重灯的装饰性又追求现代化风格，就可选择活泼点的灯饰；喜爱民族特色造型的灯具，则可以选择雕塑工艺落地灯。

第二，灯具的色彩应与家居的环境装修风格相协调，如欧式风格家装环境应选用欧式风格灯饰（见图 7-22）。居室灯光的布置必须考虑到居室内家具的风格、墙面的色泽、家用电器的色彩，否则灯光与居室的整体色调不一致，会显得不伦不类。比如，室内墙纸的色彩是浅色系的，就应以暖色调的白炽灯为光源，这样就可营造出明亮柔和的光环境。

第三，灯具的大小要结合室内的面积、家具的多少及相应尺寸来配置。比如，12 平方米以下的小客厅宜采用直径为 200 毫米以下的吸顶灯或壁灯，灯具数量、大小应配合适宜，以免显得过于拥挤；15 平方米左右的客厅宜采用直径为 300 毫米左右的吸顶灯或多花饰吊灯，灯的直径不得超过 400 毫米。在壁画的两旁安上射灯或壁灯衬托，装饰效果会更好。

二、绿化的选择与布置

随着人们生活品质的不断提高、环保意识的增强，越来越多的人开始关注健康和环境问题，喜欢与自然零距离接触，因此，合理有序地在室内进行绿化装饰，不仅可以美化空间、调节气氛，还可以弥补室内其他装饰的不足。室内植物越来越多地受到居民和家居设计师的青睐，它们自身独特的生态意义和美化装饰效果得到人们的肯定。（见图7-23）

近年来，国内就绿色植物的资源开发做了一系列研究。首先，植物的选择要符合当地的气候环境，以保证植物的成活率。其次，要根据植物的季节性原则选择植物的搭配方式，什么季节选用什么样的绿色植物。再次，在保证植物成活的情况下，要考虑植物体量、形态与周边环境是否对人们健康有利，要根据人的职业、生活喜好以及身体状况来选择绿色植物。

现代的室内绿化以观叶植物为主，大多为绿叶、花叶或彩叶植物，还有花、叶兼具的。它们多为常绿植物，不像多数传统的观花、观果植物那样有季节性制约，这些常绿植物以其生机盎然长期予人以美的享受。

图 7-22　欧式风格灯饰　　　　　　　　　图 7-23　室内绿化

室内绿化的选择与布置应遵循美学原则、空间原则及功能原则。

1. 美学原则

家居室内的客厅、卧室、厨房、餐厅、卫生间、阳台等各个区域的面积、功能与生态环境不同，在进行家居室内绿化装饰设计时需要区别对待，如图7-24、图7-25所示。绿化植物植株大小应与不同的空间大小相配合。客厅与阳台空间较宽敞，应摆放较大的植物；餐厅、厨房、卧室、卫生间等应放置较小植株或干花进行装饰。另外，植物品种和色彩要和室内装饰风格相符。中式风格注重传统装饰的形神特征，应选择君子兰、水仙等植物做装饰，以点缀为主，植物宜精不宜多；欧式风格强调高雅宁静、富有格调，要注意选取色彩素雅的植物，如白色的马蹄莲、淡绿色的竹芋等。

室内绿色植物以其千姿百态、五彩缤纷、柔软飘逸、生机勃勃的特点，与冷漠、生硬、工业化的金属、玻璃制品及建筑的几何形和线条形成强烈的对照。例如，在较大的客厅里，可在墙边和窗户旁悬挂 1 ~ 2 盆绿萝或常春藤以形成丰富的层次，使客厅更添富有情趣的优美景色；书房要突出宁静、清新、幽雅，可在写字台放置一盆叶形秀丽、体态轻盈、格调高雅的文竹，书架顶端可放一盆悬垂的常春藤或绿萝，再在适当位置点缀一盆精巧的微型盆景或一瓶清雅的插花，使整个书房显得文雅洁净；卧室要突出温馨和谐、宁静舒适的特点，可选择色彩柔和、形态优美的观叶植物作为装饰，使人进入卧室顿感精神舒畅、轻松，有利于休息睡眠。

植物与家具陈设相结合，营造出一个"室内几丛绿，满屋顿生春"的绿色世界，使人们虽身居斗室，却可以从中领略到大自然的风采。一盆秀丽的文竹摆在案头，就会出现一派文静而潇洒的气氛；一盆优雅的兰花装饰在桌面上，幽香四溢，高雅不凡，令人心旷神怡；一盆水仙、几枝梅花都会使满室生辉，给人以春意盎然之感。人们常年生活在绿叶扶疏、花影摇曳的优美环境中，与绿色植物朝夕相伴，睹芳菲、观艳色、闻馨香、赏姿韵，可以陶冶情操，获得美的享受。

图 7-24　绿色植物装饰客厅　　　　　图 7-25　插花装饰客厅

2. 空间原则

绿色植物的空间功能主要有分隔空间、联系引导空间等。

1）分隔空间

建筑内部空间常根据功能上的要求划分成不同的区域，可以用绿色植物把不同用途的空间加以限定和分隔，通常利用盆栽、花池、绿帘等做线的分隔或面的分隔。例如，宾馆、商场及综合性大型公共建筑的大厅，可以运用植物的不同布置方式进行划分，将其分隔为休息、等候、服务等不同功能区域。在室内外交界、室内地面高低交界处，可以用绿化进行分隔。某些有空间分隔作用的围栏，如柱廊之间的围栏等，也可以结合绿化用以分隔。对于处在重要的部位，如正对出入口，起到屏风作用的绿化（见图7-26），还需做重点处理。利用绿色植物进行空间分隔大都采用悬垂植物，由下而上进行空间分隔。

2）联系引导空间

现代大型公共建筑中室内空间往往具有多种功能，这样容易造成交通流线及空间导向不明的困扰，给人们带来不便。特别是在人群密集的情况下，往往需要为人们的活动提供明确的行动方向，这时可以运用观赏性强的植物吸引人们的注意，将这类植物摆放或栽植于空间的出入口、廊道的转折处等，起到提示与指向的作用。绿化在室内的连续布置，从一个空间延续到另一空间，特别在空间的转折、过渡、改变方向之处，更能呈现空间整体效果，发挥引导空间的作用。绿化布置的连续和延伸，可以通过对人们视线的吸引，起到暗示和引导作用。（见图7-27）

图 7-26　起屏风作用的绿植陈设

图 7-27　连续布置的绿植陈设

3. 功能原则

许多绿色植物不仅具有观赏价值，还可药用，甚至有些有抗癌作用，或像绿色净化器吸收室内环境中对人体有害的物质。（见图7-28）

芦荟、吊兰、虎尾兰、一叶兰、龟背竹等是天然的"清道夫"，可以清除空气中的有害物质。有研究表明，吊兰和虎尾兰可吸收室内80%以上的有害气体，吸收甲醛的能力超强。成年的君子兰在极其微弱的光线下也能发生光合作用，对净化空气、增加空气中氧气含量有积极作用。特别是在北方寒冷的冬天，由于门窗紧闭，室内空气不流通，君子兰会起到很好的调节空气的作用，保持室内空气清新。

图 7-28　绿植陈设的观赏及净化功能

室内绿色植物吸收水分后，经过叶片的蒸腾作用向空气中释放水分，可以起到湿润空气的作用。柠檬、茉莉等植物散发出来的香味能改善人们因工作单调乏味而导致的无精打采的状态；茉莉、丁香、金银花、牵牛花等花卉分泌出来的杀菌素能够杀死空气中的某些细菌，抑制结核和伤寒病菌的生长，使室内空气清洁卫生。选择室内绿植时要注意避开有害品种。例如，玉丁香久闻会引起烦闷气喘，影响记忆力；夜来香夜间的花香浓郁，会使高血压、心脏病患者感到郁闷；郁金香含毒碱，与人连续接触两个小时以上会使人头昏；含羞草有含羞草碱，与人经常接触会引起人的毛发脱落；松柏会挥发油性物质和芳香气味，对人的肠胃产生刺激作用，影响人的食欲等。

三、织物的选择与布置

织物（见图 7-29）是室内环境重要的组成元素，织物本身所具有的柔软特性，能有效地增加舒适感和空间感，这也使织物成为室内环境的有效组成部分。当下，兼顾实用性和装饰性的织物日益增多。实用性织物多用于修饰居住空间，具备一些特殊功能，如调节光照、遮挡视线、分隔空间等，同时具有增强室内环境气氛的效果，可以调整室内装修中不足的地方，发挥其本色作用。装饰性织物多用于营造舒适空间氛围，起到美化环境、烘托气氛、丰富空间层次、反映审美趣味的作用，甚至可以调节人们心理。

织物能使室内环境呈现优雅美观的效果。产生这种效果首先与所用的毛、麻、棉、丝材料的织物有关。这些材料有的粗糙，有的细腻，有的柔软，其与众不同的质感在营造氛围的时候就会产生丰富的纹理效果。其次与织物的色彩有关。色彩不同，产生的变化就不同。利用色彩的特征可以有效地扩大和分隔空间，但在色彩处理上要十分注意和谐统一，不能太过杂乱。以清淡雅致的中性色为主基调，能使空间清爽明亮，也有利于衬托家具等其他的陈设品。最后与织物的纹理有关。纹理的装饰效果同样也不可忽视。织物粗糙的纹理可以产生自然、朴实的效果，而细腻的纹理给人的感觉是明快清爽；竖条纹有增加空间高度的视觉效果，横条纹则会使空间显得比较开阔。在使用织物进行设计的过程中要对织物的一些特性有所了解，才能使室内环境达到理想的效果。

（一）织物的布置原则

织物的优势就是可以定期更新，因而它们常常更容易为室内带来新色彩，配合不同风格可以搭配不同的织物。织物的流行趋势与时装紧密相连，二者的更新变化几乎具有同样的节奏。一方面，织物反映了时尚潮流对色彩的品位；另一方面，使用基本款的织物（见图 7-30）也意味着安全、经典和具有较强的适应性。

从色彩的角度看，室内陈设设计可以选择相近颜色织物，可在计算机上模拟相应的效果。颜色过多会使人眼花缭乱。首先，设计师需要建立一个材料手册，但要注意，千万不要过于相信样本，小尺寸的样本和施工后的效果相去甚远。此外，设计师需要对织物的基本性能有所了解，如材料（棉、麻、羊毛、皮、合成材料等）、重量（轻、薄、厚、重等）、表面纹理（光滑、褶皱、粗糙等）、手感（柔软、坚挺、垂坠等）、图案（几何形状、大小、暗纹等），还有持久性（寿命）、是否便于清洁、是否褪色、是否缩水、是否便于加工等。

图 7-29　室内环境中的织物　　　　　　　　　　图 7-30　基本款织物

　　选择室内布置的织物纹样、色彩时不能单看其自身的质地和美观程度，还要考虑它在室内的功能，在室内布置的位置、面积大小以及与室内器物的关系和装饰效果。面积较大的织物，如床单、被面、窗帘等，一般应采用同类色或邻近色，以形成一个统一的色调；面积较小的织物，如壁挂、靠垫等，色彩可以鲜艳一些，纹样适当活泼一些，以增加室内活跃气氛。

　　从装饰作用的角度看，较为鲜艳的色调能给人轻快的美感，激起人们快乐、开朗、积极向上的情绪；灰暗的色调会给人以忧郁、烦闷的消极心理。红色等暖色调给人温暖感，在寒冷的冬季或难见阳光的室内空间，宜选用暖色调的织物组合，营造温暖的感觉。蓝色等冷色调使人觉得寒冷，在炎热的夏季或日照充分的室内空间，可以选用冷色调的织物配套，起到降温的作用。

　　当然，在选择室内织物的主色调的同时，还应考虑主色调与使用功能、装饰形式和地域环境的关系。例如，在娱乐场所宜采用活泼华丽的主色调，以激起人们欢快的情感；在医院不宜选用艳丽的色彩，宜以粉色调为主，以使病人感觉是在一个相对稳定、素雅、平和的环境。色彩的选用还要特别注意地域的差别。不同民族、不同文化背景及不同国家的人对色彩都有偏爱和禁忌。例如，红色在我国因其象征着喜庆、幸福和吉祥而深受人们喜爱，而在一些国家却被作为禁忌色。

　　另外，也可以通过织物色彩的色相、明度、纯度变化来使室内环境取得韵律感。所以说，色彩运用的好坏是室内织物配套设计成功与否的关键。

　　在陈设简洁的居室中，有时用面积比较大、纹样简洁、色彩纯度高的帷幔来装饰，也能达到明快的艺术效果。一般来说，织物和家具的关系是背景与衬托的关系。家具的覆盖织物有被巾、桌台布、书柜帷幔等。要利用织物和家具的材质对比，更好地衬托出家具的美观、大方。粗纹理的麻、毛、棉织物及草编品可以衬托出家具的光洁，并和简练的家具

构成一种自然、朴素的美。（见图 7-31）

（二）织物的功能

1. 划分空间

织物的空间划分功能指的是在建筑空间的构造中通过使用织物创造出新的空间，或者用织物把特定的空间划分出适于居住或者活动的特定区域。运用织物进行空间划分具有易于更换、移动性强、外观丰富等优点。布艺织物选材广泛，而且易于清洗，最重要的是经济实惠。用布艺做空间隔断时，在颜色和花色的选择上也更加广泛，但应注意材料的透光性与不透光性的结合使用。

2. 柔化空间

织物不仅能够柔化空间视觉，提高睡眠空间的安静、保暖、防潮性能，还能够有效地提升居住者品位。所以，在进行卧室设计的时候，为了增强室内空间的柔和感、温暖感和人性化，通常选用地毯、墙布、帷幔等织物做装饰，如图 7-32 所示。

图 7-31　织物衬托家具　　　　　　　　图 7-32　织物装饰卧室

3. 营造心理空间体验

人的活动大部分时间都是在室内进行的，织物在室内所占的面积相当大，因此，如何利用织物的图案、色彩、质地对人的身心产生有益的影响，显得十分重要。室内软装大部分通过织物的颜色、图案、材料、质地以及造型等，实现对室内心理空间的调整和改造。

织物颜色的视觉效果（见图 7-33）指的是使用者对不同颜色织物的主观反映。暖色织物给人的感觉是热情、豪放、积极向上等，暖色所映射的膨胀感能够给人以空间缩小的体验；冷色织物能够展现出优雅、冷静的感觉，能有效地给人以空间增大的体验。

4. 营造文化氛围

相对于室内设计的视觉、物理空间等物质空间，室内设计强调的文化氛围是室内设计理念所处的时代精神面貌与使用者的文化修养、社会文化价值取向等在室内空间集合的一种表达。当使用者怀着兴趣去审视一个艺术作品或者某种自然之美时，他并不只是为了满足生理上的需求，更多的是对精神需求的追求。比如，中国传统的字画、匾额等搭配具有中华民族特色的纺织品，所构成的是具备浓郁中华传统文化气息的室内空间氛围（见

图7-34）。另外,不同的织物图案可产生不同的格调与感受。各个民族有其独特的装饰图案。例如,凤鸟作为古代楚国的图腾,由于代代相承的传统和习俗,大量出现在楚国的装饰纹样中;彝族将葫芦作为他们的图腾崇拜而陈列于居室的神台上;羌族将羊作为他们的图腾印在生活用品中;信仰伊斯兰教的民族忌用猪作为织物图案等。了解装饰图案自身的规律和图案纹样所承载的文化含义,对提升室内织物的审美价值大有裨益。所以,在进行室内设计时,加强对设计的主体和艺术性的研究,才能够有效地创造出吸引力强、艺术美感高、文化品位高的室内环境。在运用织物软装进行室内设计的时候,要确立一个与室内的空间结构、陈设形态相互关联又独具一格的设计主体。这一主体要体现一定的文化观念和时代感。在此基础上再通过多种手段的使用,把已经确立好的主体淋漓尽致地表达出来。

图 7-33　织物的视觉效果　　　　　　图 7-34　新中式文化氛围

四、艺术品的选择与布置

艺术品的选择与布置应遵循以下原则。

1. 控制好设计比例

艺术品陈设主要是起装饰的作用,需要物品保持一个合理的度量关系。根据美学原则,在软装艺术品陈设中可以应用黄金比例对居室空间内部区域进行划分,综合考虑艺术品的装饰性和功能性。例如,艺术品陈设设计中,可将具有强化装饰性功能的内容(包括相框、雕塑、花艺、工艺品以及装饰挂件等)陈设在客厅、玄关等处;将具有实用性功能的艺术品(如镜子、灯具、家具和餐具等)陈设在卧室、厨房以及卫生间等处。

2. 具有造型感

艺术品陈设要有造型感,即在装饰装修的布置过程中,能够突出装饰中心,考虑到人的视觉感受。在艺术品陈设设计中可以采用一些几何图形,既具有简洁大方的感觉,又能彰显时代性。对于中式风格或传统风格的居室环境,可以考虑采用对称图案。一般艺术品陈设在造型布置上要能够突出重点,有一个视觉中心即可,即独特造型的艺术品有一个就够了。该视觉中心造型比例要合适,材质感和特色感要突出。(见图 7-35)

3. 线条合理过渡

艺术品陈设设计中需注意软装设计与硬装设计进行合理过渡,否则会使软装设计与硬装设计在风格和色调上不搭，影响整体的装饰效果。软装艺术品陈设中的线条过渡要流畅，地面和天花板之间的空间垂直过渡要合理；尽量不要在墙面采用大量的分割图案或装饰画，否则会使墙面垂直感被破坏；墙面与天花板的折线过渡中可以适当采用一些小装饰物，如挂件等，使墙面内容具有一定的层次性，营造出居室的温馨感和充实感。（见图 7-36）

图 7-35　艺术品陈设的造型感

图 7-36　艺术品陈设的线条过渡

4. 色彩方面合理搭配

艺术品陈设能够为房屋空间增添活力，但在实际软装艺术品陈设设计过程中，需要对不同材质、不同颜色和不同造型的软装艺术品进行合理的安排和搭配，使其在色彩和造型上协调。根据人的实际心理需求和审美特点，软装艺术品可以尽量选用大地色，如植物绿、大地黄或者天空灰等，这几种颜色作为软装艺术品陈设的基础色，可给人稳定之感，然后在此基础上适当增加一些较为艳丽或丰富的点缀色，并把握好色彩轻重关系，可使艺术品陈设更加符合整体布局要求。

5. 与家居设计风格一致

在室内陈设设计中选择什么风格的陈设品，应以室内空间设计风格为主要依据。在风格鲜明的室内空间中，可多布置一些与之风格相似的陈设。例如，在传统的中式空间中，可布置国画、盆景、中式家具等富有中国文化底蕴的陈设。在风格不明确的室内空间中，陈设品风格的选择余地较大，甚至可以用陈设品的风格来确定室内空间的风格。例如，展示空间一般不具有明确的风格特点，在展示不同物品时，可布置不同风格的陈设：展示现代抽象艺术品时，可以布置一些现代风格的陈设品；展示某些民族工艺品时，就可以布置一些具有该民族特色的陈设品。陈设品自身的风格对其所在的室内空间风格具有不可忽视的影响。（见图 7-37）

图 7-37　室内陈设风格与室内空间风格一致

JIAJU YU CHENSHE SHEJI

第 8 章

家具与陈设设计的运用

第 1 节　居住空间陈设设计

　　居住空间陈设设计是室内风格表达的重要组成部分，是人们在室内活动中的生活道具和精神食粮，是居住空间设计的延展，是室内环境的再创造，也是室内陈设设计个性化表达的最重要的组成部分。室内陈设不能脱离室内空间而独立存在，居住空间陈设设计是功能空间设计的优化，居住空间室内陈设不仅能够强化室内设计风格，体现使用者的性格、职业、兴趣爱好、文化水平和艺术素养，还能够丰富空间层次，美化空间视觉效果。

　　在居住空间的陈设设计中要总体考虑的因素是居室的面积大小、空间的形态以及陈设物品与空间环境的关系，要以体现居室主人的情趣爱好为前提条件。空间面积的大小决定摆放家具和其他陈设品的多少，空间的形态决定家具摆放的形式，主人的爱好则决定陈设艺术风格的倾向。

　　家居陈设风格注重个性化设计，20 世纪 50 年代后期设计走向多元化，先后出现了高技派、波普风格、后现代主义风格等。

　　高技派强调形式上的高技术性，在设计形式上将现代主义设计中的技术因素提炼出来，加以夸张处理，赋予产品工业结构的造型，强调的是一种机械部件外露的另类美学。但由于过度重视新技术的时代体现，把装饰性压到最低限度，这一风格陈设显得冷漠且缺乏人情味。（见图 8-1）

图 8-1　高技派室内设计

波普风格是在室内陈设设计中，通过夸张的室内陈设带给人全新的视觉体验。随着设计理念的不断进步，人们通过实践研究发现，长期生活在大面积的彩色空间中容易产生焦躁不安的情绪。因此，在用波普艺术演绎时尚家居的时候，应尽量避免在墙面大面积使用艳丽色。最为舒适的波普风格室内设计应是以低纯度的灰白色为背景，选用波普风格的家具、装饰画、抱枕、地毯等室内陈设品作为摆设，这样既避免产生视觉疲劳，还能使空间个性十足。（见图 8-2）

后现代主义风格是对现代主义设计的反思，这一风格室内陈设富有幽默感和叛逆性的设计丰富了人们的生活体验，将设计带入一个生机勃勃的时代。可以说，后现代主义风格的家居是集实用性、个性化、艺术化和品位化于一身的家居设计风格（见图 8-3），"孟菲斯集团"设计的室内作品就充满了后现代主义的味道。

图 8-2　波普风格室内设计　　　　　图 8-3　后现代主义风格室内设计

一、起居室与餐厅的陈设设计

起居室又称客厅，但严格来说两者也存在一定的区别。客厅是豪华住宅中专门用来接待客人的厅堂，而起居室是普通住宅中用于生活起居的空间。起居室可以是单一功能的空间，也可以是复合功能的空间，如会客兼餐饮、会客兼娱乐等。任何一个起居室，其风格即反映着整个住宅的风格。起居室装修的风格因空间、地域、主人的喜好不同而风格迥异，陈设手法也大相径庭，主要有欧式、中式、古典、现代之分。在欧式风格中，起居室陈设应以雕塑、金、银、油画等为主；在中式风格中，起居室陈设应以瓷器、扇、字画、盆景等为主；在古典风格的起居室中，陈设艺术品大多制作精美、比例适中、形态沉稳，如古典的油画、精巧的餐具、华丽的烛台等；在现代风格的起居室中的陈设艺术品则色彩鲜艳，讲求反差、夸张。可用于起居室装饰陈设的艺术品种类较多，而且没有定式。室内设备、用具、器物等只要符合空间需要及主人的情趣爱好，均可作为起居室的陈设装饰。（见图 8-4）

在起居室陈设设计中，运用色彩营造具有地域特色的家具氛围可以从以下两点着手：第一，把室内色彩划分为背景色、主色调及配色三大部分，将已有的代表性色彩归纳，重新搭配，可以很好地烘托地域氛围；第二，把具有地域色彩象征的图案做成室内陈设品。例如，将具有东北民俗特色的大花布做成抱枕、坐垫等陈设在现代风格家具中，可以轻松打造具有东北特色的个性化起居室。

　　餐厅作为居室主人与亲朋好友之间交流感情的场所，其陈设设计应以营造用餐气氛为重点。餐厅布局和家具的陈设也会影响人们的心理行为，因为家具陈设位置的变化不仅可使人产生宽敞或拥挤的感觉，同样也会影响人际交往。人们都希望进行亲密交流，因此家具陈设应缩小间距并适宜成组安排，使餐厅的交流范围相对较小。餐厅中的软装如桌布、窗帘等应尽量选用较薄的化纤类材料，因为厚实的棉纺类织物极易吸附食物气味且气味不易散去，不利于餐厅环境卫生。可用花卉美化餐厅，但切忌色彩繁杂、使人烦躁而影响食欲。如若选用字画、瓷盘、壁挂等陈设物时，一定要根据餐厅的具体情况灵活安排，可点缀环境，不可喧宾夺主，以避免使餐厅显得杂乱无章。（见图8-5）

图8-4　起居室设计　　　　　　　　　　　　图8-5　餐厅设计

二、卧室与书房的陈设设计

　　卧室是人们休息的地方，同时还是躲避闹市嘈杂的地点。这里是私人领地，不需要复杂的陈设。其实，卧室是整个家居环境里的私密空间之一，也是对轻松、舒适、个性化程度要求最高的空间。卧室的装饰要点在于不需要过多的家具和配饰，而一定要突出舒适度。（见图8-6）

　　书房在古代是知识阶层专用的"工作室"，在现代则是家庭住宅中的一个单元。它不一定与住宅内其他生活空间完全隔断，但无论其功能还是格调，都与其他空间明显不同。中式书房中出现的各类摆件（见图8-7）应以怡情悦性为目的，如文房四宝、奇石、插花、古董、香炉等，文具摆件是书房中最重要的小型陈设物。

图8-6　卧室设计

三、厨房与卫生间的陈设设计

　　厨房陈设设计首先要注重它的功能性。打造温馨舒适的厨房，一要使其干净清爽，二

图 8-7　书房陈设物

要有舒适方便的操作中心。拥有一个精心设计、装修合理的厨房，会让居室主人更加轻松愉快。厨房作为一个烹饪的处所，不需要陈设奢华，最重要的是要给人整洁的印象。从健康角度来讲，厨房要做到的就是清洁、卫生，一些杂物应尽量避免堆放在厨房中。对于现代家庭来说，厨房不仅是烹饪的地方，更是家人交流的空间、休闲的场所。不仅工艺画、绿植等装饰品开始走进厨房，早餐台、吧台等更是成为打造厨房式休闲空间的好点子。这样，人们在烹饪时可以交流一天的所见所闻，也是餐前的一件美事。（见图 8-8）

卫生间是家中最隐秘的一个地方，精心对待卫生间，就是精心捍卫自己和家人的健康和舒适。卫生间陈设设计不能小觑，它与我们的健康息息相关。卫生间的陈设是否科学合理，标志着居室主人生活质量的高低。

现代住房卫生间面积普遍较小，在布局设计上说，卫生间陈设设计应该满足人体基本功能。浴缸、洗脸盆、坐便器是卫生间的洁具三大件，布局中的秩序通常是三者呈平行势。卫生间陈设设计是根据洁具三大件的布局来添补充实的，主要是为了保证使用上的功能性和安全性，同时也起到点缀美化的作用。在浴缸旁的窗台上放盆绿色植物，在空余的墙上挂幅磨漆壁画，洗脸盆下侧放上一只塑料纸篓等，这样既美观又实用的陈设，是一个卫生间必不可少的。（见图 8-9）

图 8-8　厨房设计　　　　　　　　　　　　　图 8-9　卫生间设计

　　灯具的安置作为重要装饰手段，可以为居住空间提供丰富灯光环境。照明灯具所处的位置一般在一些需要被重点强调的空间或者陈设品周围。灯光也能够强化或弱化陈设品的边缘，选择性地减轻或加强其他陈设品的呈现效果，造成润泽度不同的视觉感受，以表现空间文化的粗放或精细的差异。将虚幻的灯光与其他陈设品配合，通过虚实的结合、物质与光影的对比，可使得整个居住空间陈设效果得以顺利呈现。

第 2 节　商业空间陈设设计

　　商业空间只有通过一定内容的展示，才能体现它的精神面貌，而陈设就是其中一个很重要的手法。商业空间陈设包含商业展示空间陈设与专卖店陈设两大内容。

一、商业展示空间的陈设设计

　　商业展示是以空间与形态设计、视觉形象、色彩、照明、声响及演示为手段，借助家具陈设、绿化陈设，将一定量的商品信息和宣传内容呈现在公众面前。作为与观众进行信息交流的窗口，商业展示空间在对场地进行统筹布局的基础上，应以家具为载体，使商品进行展示陈列，同时应利用绿化陈设调节室内生态环境、组织室内空间环境。（见图 8-10）

　　众所周知，宜家商场是一个超大的家居博览会，在这里陈设品就是商品（见图 8-11），消费者可以发现无限的灵感创意和真实的空间布置，可以亲自试用每一件商品，这也是宜家的经营理念。在宜家商场，人们可以在床上入睡，在沙发上舒展身体，或者让孩子挑选他们自己的房间用具。

　　为了吸引消费者的注意，宜家商场会在商场内外的显著位置设置图文标志牌，如醒目的黄蓝 IKEA 标志、促销广告、购物指示等。宜家所有关于商品的信息都在价格标签上，这些标签面积不大，但既能起到提示信息的作用，又不影响真实场景的展示效果。宜家商场的这种陈设方法能增加所展示的商品的导向性，促使消费者购买，这也是商业展示空间常用的一种陈设方法。

二、专卖店的陈设设计

　　随着人们生活水平的大幅提高，越来越多的人在购物时开始注重品牌，并前往固定的专卖店消费，所以专卖店成为商业品牌塑造的重要方式之一。商品通过专卖店陈设，其品牌的风格、理念和人文概念都会不同程度地体现。品牌的每一个信息都会以不同表达方式

图 8-10　某商场室内陈设　　　　　　　　　图 8-11　宜家商品

向每个进入空间的消费者传递，从而促成消费行为。近年来，众多商家开始专注专卖店空间的陈设设计，以获取较好的销售业绩。

　　专卖店的陈设设计可以根据空间的大小形状、当地消费者的生活习惯和兴趣爱好，将不同的材质、界面抽象为基本的造型元素，通过运用点、线、面、体的变化和对比，从整体上综合策划陈设设计方案，以体现出专卖品牌的个性品位，而不会"千家一面"。店面的陈设最好留有依季节变化而进行调整的余地，这样不同季节就能呈现出不同的面貌，给人以新鲜的感觉。一般来说，专卖店的格局只能延续 3 个月，因为较为频繁的变化已成为许多专卖店经营者的促销手段之一。另外，灯光扮演了控制总体气氛的角色，它不仅可以满足日常的照明需求，而且能渲染商店气氛、烘托环境，增加店铺的形式美。某品牌专卖店陈设设计如图 8-12 所示。

图 8-12　某品牌专卖店陈设设计

　　专卖店的主题摆设需要与众不同才会在竞争中略胜一筹。路易·威登专卖店是一家品牌自主研发到销售的实体店，其产品在全球都有着极高的口碑。伦敦著名的百货公司塞尔福里奇开设了路易·威登与日本艺术家草间弥生推出的联名系列概念店，该概念专卖店陈设非常梦幻，受到全球忠实粉丝的追捧。在那里，衣服、包包、灯具、墙壁、地板、展示柜、装饰桌布、装饰工艺品等，都被亮丽繁密的大波点覆盖，如图 8-13 所示。这一超级强烈且震撼的视觉风格，就如同草间弥生本人给予世人的印象一般。此外，店里还放入了大量路易·威登特意做的道具，甚至有1：1的草间弥生蜡像。

图 8-13　路易·威登与草间弥生的联名概念店

第 3 节　餐饮空间陈设设计

　　餐饮空间的陈设设计是餐厅设计的一个重要组成部分。无论是家具样式还是艺术品的风格，都为创造餐饮空间环境气氛起到有效的推动作用。餐饮空间特别重视文化的体现，当那些具有浓郁文化特征的陈设品出现在这个空间时，再结合美味的菜肴，一定会给顾客留下深刻的印象。（见图 8-14）

图 8-14　餐饮空间陈设设计

　　餐饮空间的主要家具是餐桌、餐椅、沙发、餐台等，几乎占到餐厅总营业面积的三分之二，成为整个餐饮空间格局表现的重要角色。一个餐厅所使用的家具能反映出餐厅的档次和规格。一般较高档次的餐厅使用布艺或皮质的家具，家具造型相对独特；中低档次的餐厅多采用普通的木质家具。分隔就餐空间是家具的另一用途。餐饮空间可以利用家具提高空间使用率，使空间变得开敞，还可以通过家具布置的灵活变化达到满足不同功能要求的目的。餐饮空间的家具比较多，其尺寸和颜色对空间的影响很大。一般小面积的餐厅可利用低矮和水平方向的家具，使空间显得宽敞、舒展；大面积、层高较高的餐厅则使用高靠背和色彩活跃的家具来减弱空旷感。

　　餐饮空间的灯具首先是起着调节室内光照的作用，同时灯具的造型对餐饮空间还起着装饰的作用。设计师应该有意识地利用灯具的照明和装饰两个作用创造出良好的光照环境和独特的艺术氛围。灯具的装饰效果和光源的选择应该与餐厅的主题风格和主次轻重相一致。门厅、通道、走廊、休息等候区等空间要充分考虑灯光的艺术氛围，合理利用冷暖光源；用餐区要考虑食物的显色性，应选用显色指数较高的直射光源。冷暖光源与显色指数较高的光源的合理配合以及灯饰造型的效果、灯光色彩的协调也是营造餐饮空间环境气氛不可缺少的部分。

　　织物是室内装饰中必不可少的物品。在餐饮空间的设计中，织物的选择要把握一个统一协调的原则。织物的材质、图案和色彩不能过多过杂，否则会使整个空间显得零乱。由于织物的原料和工艺的不同，织物给人的视觉感和触觉感也不同。设计师在选用餐饮空间织物装饰的时候应选择和整个餐厅的主题风格相一致的织物。

　　植物陈设具有旺盛的自然生命力，能够把大自然带入室内。在当今流行的具有田园风格的绿色餐饮空间设计中，设计师运用大量绿色植物，使用餐者能够体验到繁忙都市中难得一见的田园生活。绿色植物还可以起到分隔空间的作用，能有效地划分范围却不会产生封闭感，保持空间通透顺畅。

一、宴会厅与中式餐厅的陈设设计

　　宴会是国际交往中常见的活动之一，宴会厅则一般是酒店举行大型活动的场所，如举办婚礼宴会、纪念婚宴、新年圣诞晚会、团聚宴会乃至商务宴、国宴等。宴会厅本身界面的装修就要体现庄重、华丽、热烈、高贵而丰满的品质效果，所以其陈设设计在此基础上就更应该锦上添花。宴会厅陈设设计的重点就是餐桌的摆放形式、餐桌椅的装饰、台面餐具的摆放以及墙面的艺术品陈列。陈设品色彩宜以明朗轻快的色调为主；顶棚可采用多种风格及多种空间造型层次，并配以豪华的吸顶水晶灯；墙面的挂画、雕塑等艺术品要精致、细腻，能够表达餐饮空间的文化特征，起到画龙点睛的作用。

　　中式餐厅在我国的餐饮行业中有很重要的位置，并为中国大众乃至国外友人所喜爱。中式餐厅在室内陈设设计中通常运用传统形式的元素进行装饰塑造，既可以运用藻井、宫灯、斗拱、挂落、书画、传统纹样等装饰组织空间或界面，也可以运用我国古典园林艺术的空间划分形式，配以拱桥流水等造型，采用虚实结合、内外沟通等手法，营造出极具中华民族传统文化的浓郁气氛。（见图8-15）

图 8-15　中式餐厅陈设设计

二、西餐厅与快餐厅的陈设设计

西餐厅在我国饮食业中属异域餐饮文化，主要以供应西方某一国家的特色菜肴为主，其装饰风格也应与这一国家民族习俗相一致，充分尊重其饮食习惯和就餐环境需求。西餐厅的陈设设计常采用西方传统建筑的模式，如以古老的柱式、门窗，优美的铸铁工艺，漂亮的彩绘玻璃及现代派绘画、雕塑等作为西餐厅的主要陈设内容，并且常常配置钢琴、烛台、别致的桌布、豪华的餐具等，呈现出安静、舒适、优雅、宁静的环境气氛，体现特定的餐饮文明与文化档次（见图8-16）。

在西餐厅中，各种瓷器和银器，如餐具、瓷质装饰挂盘和银质烛台，还有一些铁艺工艺品等都是常用的室内陈设品。

快餐厅起源于20世纪20年代的美国，可以认为这是把工业化概念引进餐饮业的结果。快餐厅反映一个"快"字，以其适应现代生活的快节奏、注重营养和卫生要求的特点，在现代社会得以飞速发展。用餐者不会多停留，更不会对周围景致用心看、细细品，所以快餐厅的陈设应以粗线条、明快色彩、简洁的色块装饰为最佳。另外，快餐厅陈设设计还要在家具的样式和组合形式上多下功夫，如移动的座位、双人餐桌数量的增加，使用餐的环境更加符合时尚要求，摆脱过去快餐厅单调的形式。（见图8-17）

图 8-16　西餐厅陈设设计　　　　　图 8-17　快餐厅陈设设计

JIAJU YU CHENSHE SHEJI

第9章
家具与室内陈设设计过程

第 1 节　室内陈设设计的程序

　　设计程序就是有目的地实施设计的次序和科学的设计方法，是设计人员在长期的设计实践中总结出来的一般规律。规范有效的设计程序和正确的设计方法是陈设设计成功的基础和保证。

　　室内陈设设计的工作流程一般来说大致分为五个程序，这些程序之间的界线不会那么明显，在设计过程中按照程序工作会更有效率，设计立意也会更明确。

一、前期准备、沟通交流

　　目前，室内陈设设计属于室内设计的一部分，它是室内设计的一个延续。室内陈设设计的项目来源一般分为三种。

　　第一种是设计公司室内项目的后续工作。很多大的设计公司都组建了陈设设计部门，部门之间工作沟通方便，公司的设计思想得以良好体现，进而给公司带来丰厚的收入。

　　第二种是甲方（建筑行业中一般指建设单位）的邀标或招标项目。甲方会将项目分为建筑施工、室内设计、软装设计等分类招标。此类甲方或帮助甲方招标的公司对于所需要的东西明确，要求较高。这种招标项目未来相对较多。早在半个世纪前，国外就已开始推行商品住宅全装修模式，目前已发展到较为成熟的阶段；国内的全装修起步较晚。现在为了减少房屋空置率，湖北省已经开始实施新建住宅全面推行一体化装修政策。

　　第三种是甲方委托的项目。这种项目中有很多对软装设计要求较高的客户，设计师在设计过程中需要多沟通交流，了解客户的喜好，对家装风格、家具风格、色彩的偏好，宗教信仰、投入预算以及家庭成员结构、职业特点等，为今后的合作顺利奠定良好的基础。但客户有时提出的要求与设计师设计方向有所背离，设计师要适当引导，不能盲目执行，所以沟通尤为重要。

二、确定要求、分析项目

　　设计师要将自己好的创意作品和设计素材进行归类整理，在与客户进行深入沟通，了解客户对各类风格的观点和看法后，将与客户需求相近的图片方案提供给客户进行挑选。这种方式比较直观，双方的沟通会更清晰明了，因为有图片示例作为参考，客户能比较直观地领悟到预期的设计效果，迅速找到契合点。在这个环节中，设计师对客户需求有了更深入的了解，基本可以确定设计风格（见图 9-1、图 9-2）和色彩倾向这两大主题。

图 9-1　设计风格参考（一）

图 9-2　设计风格参考（二）

三、现场测量、绘制图纸

　　设计师对建筑装修涉及的法律法规要有充分的了解，然后对设计空间进行现场实地测量，测得空间尺寸、拍照，详细记录所有空间之间的关系，考察防火防盗、交通流向、疏散方式、空间容量、日照情况、卫生情况、采暖及电气系统等。整理好相关资料后，便进入制图阶段：

（1）绘制方案草图：绘制方案草图的过程，就是构思方案的过程。方案草图是设计者对客户需求了解之后设计构思的形象表现。草图一般徒手画成，不受工具的限制，将设计思路清晰地表达出来即可。设计师可以利用草图将陈设品在空间中的关系表现出来，绘制2～3套方案草图（见图9-3、图9-4），经过综合比较、推敲，选出较好的方案，让客户看到自己项目的效果，使沟通时可以更便利地交流。

图9-3　陈设设计方案草图（一）

图9-4　陈设设计方案草图（二）

（2）绘制平面图：一般来讲，很少有客户的陈设设计在硬装设计之前就介入，或者与硬装设计同时进行。国内的操作流程基本都是硬装设计完成之后，再由设计公司设计陈设方案。所以，到陈设设计空间布局的这个环节，留给设计者发挥的余地不是很大。在平面图布局（见图9-5）中，需要将各空间内容中大件的陈设品数量进行标示，把握家具尺度；过小的陈设品诸如小摆件在绘制中可忽略不计。在进行大型空间设计时，如酒店、娱乐空间、商业空间等人流量比较大的空间中，要把握人流的走向问题，达到设计最优化。

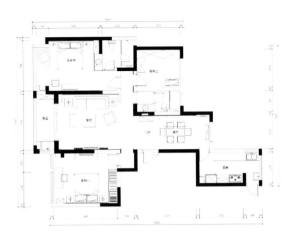

图9-5　陈设设计平面布置图

四、确定主题、深化图纸

　　设计主题是整个陈设设计过程的灵魂，贯穿整个陈设设计过程，是设计者表达给客户"设计什么"的概念。设计者要用设计主题故事来打动客户的心，还要给主题起一个优雅恰当的名字。

　　如果是家居的设计方案，不但要设定一套房的整体主题，还要把每个房间的主题细化出来。因为任何一套户型虽然有整体风格气质，但根据其具体使用功能，每个房间会有区别。

　　如果是餐厅、酒店、度假村等空间，设计是为了吸引顾客，以营利为目的，打造一个合适的主题，让顾客体会到前所未有的高舒适度的生活。例如，武汉简朴寨菜馆每个餐厅以节气命名，一来可以方便顾客顺利找到餐厅的位置，二来好的名字也会让顾客有亲切和期待感。此外，像武汉东湖学院的学术交流中心中餐厅用花朵命名，如樱花厅、牡丹厅、玫瑰厅等，顾客还没有用餐，听到名字似乎就可以闻到花香，觉得十分舒服。

　　该阶段的工作内容是制作设计文件（见图9-6），包括图纸、计划书、陈设设计说明等，并送客户审阅，在沟通并得到客户认同后便可以进行下阶段的工作。

图9-6　书房陈设设计文件

　　图纸深化是指在与客户讨论并最终确定设计方案后，设计者按照既定的设计思路深化设计方案，主要是确定各个空间陈设的最终效果，整理成CAD图纸，包括平面图、立面图、空间索引图，如实际需要还包括节点和大样图。设计者应在图纸中将配置的物品标示出来，并进行陈设色彩系统分析（见图9-7）和陈设材质系统系统分析（见图9-8），对原空间设计不合理之处予以调整或改动。设计者需要提供2～3套方案供客户选择，并在客户认同的前提下，按照不同的档次做出不同的报价方案，让客户有选择的余地，便于今后采买工作的开展。

图9-7　陈设色彩系统分析

图9-8　陈设材质系统分析

五、方案制作、回访跟踪

围绕设计主题进行整体配置方案的设计后，现场摆设是陈设设计者能力体现的最后环节。此时的方案制作要有清晰的设计主题说明，并配上精美的设计方案。方案制作包括根据空间尺寸配置家具（见图9-9）；根据家具风格配置窗帘布艺；配置功能性装饰品，如台灯、落地灯、家用电器等；配置装饰性装饰品，如雕塑、地毯、工艺品等；配置墙面装饰画。一般可以按照家具→布艺→画品→饰品的顺序进行调整摆放。需要注意的是，软装配饰不是各种元素的简单堆砌，它是提高生活品质、追求理想生活氛围的有效手段。陈设饰品的组合摆放还要充分考虑元素之间的关系以及主人的生活习惯，选择适合的位置和角度。作为陈设设计者，要亲力亲为、参与摆放，把控最终效果，还应列一个详细的采购单，包括陈设品种、名称、数量、单价或总价以及品牌产地、联系方式等，方便客户及时更换相应物品。

图9-9　配置家具

由于陈设设计方案多样，而每个人的审美情趣也有不同，有可能出现在整个方案实施完毕后，客户提出修改要求的情况。因此，设计师要回访跟踪客户意见，针对客户反馈的意见进行效果调整，包括色彩调整、风格调整、饰品调整与价格调整等。因为客户对方案的意见有时与专业的设计师有区别，这时需要设计师认真分析客户诉求，从专业角度灵活应对与引导，以保证方案的调整具有针对性，实现最佳效果。

第2节　家具与室内陈设设计手绘表现技巧

设计方案的初步表达一般可采取手绘表现形式。

一、手绘工具与材料

1. 铅笔

铅笔是最基本的绘画工具，设计初学者在手绘效果图过程中，如果没有十足的把握，可以先使用铅笔起稿。

2. 彩铅

彩铅分油性和水性。水性彩铅可用水来调和，或与马克笔结合使用，能表现丰富的色彩关系和色彩间的平和过渡，以弥补马克笔颜色的不足。

3. 绘图笔

绘图笔是手绘效果图的主要工具，主要指针管笔、勾线笔、会议笔等黑色碳素类墨笔。

4. 色粉笔

色粉笔要慎用，一般仅用于大面积渲染，如地面、天花板、灯光效果等，并以混合的方式来修饰、调和、弥补彩铅和马克笔表现上的不足。色粉易脱落，采用色粉笔手绘效果图时，在作品完成后必须用固化剂固化。

5. 马克笔

马克笔分油性、水性两种，有单头和双头之分。油性马克笔与水性马克笔在色彩感觉和使用上都有所不同。马克笔通常用来快速表达设计构思以及展示设计效果图，是当前最主要的手绘表现工具。

6. 常用纸张

手绘表现在纸张上没有严格要求。初学造型期间可以选择 A3、A4 复印纸，后期可以用马克笔专用纸，这种纸有含防水材料纸层，适合各种性质的马克笔作画，是绘制建筑、园林、环艺、室内、服装、广告、产品设计等效果图的首选。

7. 尺子和橡皮

尺子是初学者学习手绘效果图的必备工具，如直尺、比例尺、丁字尺、三角板、曲线板、蛇形尺等。尺子是常见的辅助工具，但不能过分依赖。橡皮也是手绘表现过程中的一个辅助工具，在手绘线稿反复修改时起到重要作用。

二、效果图的各类表现技法

（一）水彩表现技法

水彩技法因工具简单、制作快捷、写生性强等特点，成为设计专业比较重要的手绘表现技法之一。由于色彩较透明，一层颜色覆盖另一层可以产生特殊的效果，采用水彩技法不宜反复涂抹，应充分运用水分，最好将水彩纸裱好再画，因此采用水彩技法表现应掌握水彩属性特点，并要有一定的造型和色彩基本知识。

水彩表现的方法及步骤如下：

（1）在水彩纸上用铅笔或不易脱色的墨笔勾画出家具的透视底稿（见图9-10），画线应准确、线条应流畅，注意利用线条粗细和虚实对比来表现一定的空间关系。

（2）均匀刷上很淡的底色（见图9-11），包括画面的主色调、物体基色。注意色彩的明暗层次和冷暖变化，由浅入深地描绘出物体的立体感。

（3）针对不同材质的基本色画出大色块，可着第二遍颜色，渲染明度变化及虚实效果，由浅入深多次渲染至画面丰富有立体感，画出家具色彩部分。（见图9-12）

（4）进行细部深入刻画（见图9-13），用白色提亮反光和高光，调整画面的整体关系，完成作图。

图9-10　勾画透视底稿　　　图9-11　刷底色　　　图9-12　着色渲染立体感　　　图9-13　细部刻画

（二）马克笔表现技法

马克笔将笔尖的硬、软以及颜色的干、湿融为一体，既可运用钢笔的技法，又可使用水彩的颜色，具有色彩丰富、作画快捷、省时省力等特点，在这几年成了设计师的首选。采用马克笔表现技法绘画时，分清冷暖色系，将马克笔的颜色进行叠加，能实现更多的色彩效果。用马克笔表现时，笔触大多以排线为主，所以应有规律地组织笔触线条的方向和疏密程度，有利于画面形成统一的效果。

1. 马克笔笔触的练习与运用

马克笔的笔触常平行重叠排列，排列时由宽到细呈渐变"N"形或"Z"形，可大胆留白处理。马克笔的笔触练习和对各种材质的表现技法示例如图 9-14、图 9-15 所示。

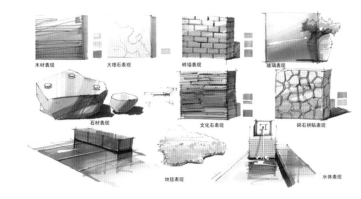

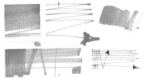

图 9-14　马克笔笔触练习　　　　　　　　　　图 9-15　马克笔材质表现示例

2. 马克笔的表现方法及步骤

使用马克笔表现家具及陈设设计（见图 9-16）的方法及步骤如下：

（1）先以铅笔起草，然后用针管笔或钢笔等绘图笔勾勒，注意物体的层次和主次关系，注意细节的刻画。

（2）以灰色马克笔为主，从浅色开始，从远处或者从趣味中心开始，确定物体大概的明暗关系。

（3）按照物体的固有色给物体上色，确定画面的基本色调。

（4）逐步添加颜色，刻画细部，加深暗部色彩，加强明暗关系的对比，统一画面，完成作图。

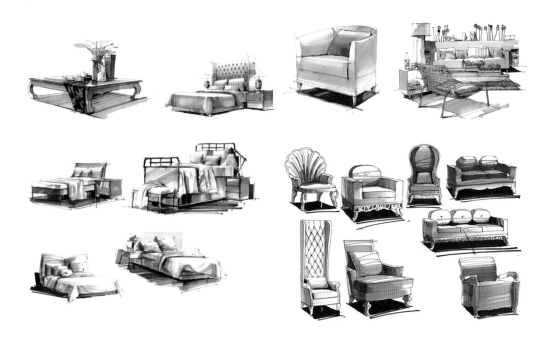

图 9-16　马克笔家具陈设表现示例

第 3 节　家具与陈设设计效果图表现示例

家具与陈设设计手绘表现示例如图 9–17 至图 9–29 所示。

图 9–17　餐饮空间效果图表现（一）

图 9–18　餐饮空间效果图表现（二）

图 9-19　客厅效果图表现（一）

图 9-20　客厅效果图表现（二）

图 9-21　客厅效果图表现（三）

图 9-22　客厅效果图表现（四）

图 9-23　客厅效果图表现（五）

图 9-24　客厅效果图表现（六）

图 9-25　接待中心效果图表现

图 9-26　酒店大厅效果图表现

图 9-27　酒店室内空间效果图表现

图 9-28　售楼部室内空间效果图表现

图 9-29　卧室效果图表现

JIAJU YU CHENSHE SHEJI

第 10 章
家具与陈设配置实训

实训项目一：家具与陈设配色练习

一、地中海风格家具与陈设配色概述

现代家居装修风格中，地中海风格以其清爽、自然的家居特色（见图 10-1），成为很多业主在装修时选择的对象。在地中海风格设计中，色彩搭配是非常重要的一部分，只有合理地选择色彩，掌握色彩搭配的技巧，才能打造完美的家居环境。

图 10-1　地中海风格陈设设计

二、地中海风格软装配色特点

地中海风格软装一般选择强烈而鲜艳的颜色，在组合设计上注意空间搭配，充分利用每一寸空间，且不显局促，形成开放式自由空间；集装饰与应用于一体，在柜门等组合搭配上避免琐碎，显得大方、自然，让人时时感受到地中海风格家具散发出的古老尊贵的田园气息和文化品位；其特有的罗马柱般的装饰线简洁明快，流露出古老的文明气息。

地中海风格软装配色主要表现如下：

1. 自由奔放、色彩丰富

地中海风格以其极具亲和力的田园风情及奔放的色调组合被人们喜爱，它具有自由奔放、色彩丰富、明亮的特点，大胆、简单而又具有明显的民族性，有显著特色。塑造地中海风格配色往往不需要太多的技巧，只要保持简单的意念，捕捉光线，取材大自然，大胆而自由地运用色彩、样式即可。

2. 色彩源于自然、具有舒适感

地中海海域广阔，色彩非常丰富，并且光照足，颜色的饱和度也很高，体现出色彩最绚烂的一面。所以，地中海风格的配色特点就是无须造作、本色呈现。

按照不同地域的特点，地中海风格室内软装配色可分为三个类别：第一种源于希腊爱

琴海，是运用最广泛的蓝白搭配，源于沿岸白色的建筑和蓝色的海域，清新、明亮；第二种是土黄和红褐色，也就是大地色系，这是北非特有的沙漠、岩石、泥、沙等天然景观的颜色，具有亲切感和土地的浩瀚感；第三种是黄、蓝、紫和绿，源于意大利的向日葵和法国南部的薰衣草花田，形成一种别有情调的色彩组合，十分具有自然的美感。

3. 家具多做旧处理、布艺多为低彩度

家具多通过擦漆做旧的处理方式，尽量采用低彩度，线条简单且修边浑圆，搭配贝壳、海星、船锚、鹅卵石等，表现出自然清新的生活氛围。饰品多见海洋元素，给人自然浪漫的感觉。造型广泛运用拱门与半拱门，给人延伸的感觉。材质一般选用自然的原木、天然的石材等，用来营造浪漫自然的气氛（见图 10-2、图 10-3）。

图 10-2　地中海风格家具色彩搭配方案

图 10-3　地中海风格陈设配饰

窗帘、桌布、沙发套、灯罩等均以低彩度色调和棉织品为主，常用素雅的小细花条纹格子图案。地中海风格装修的家居非常注意绿化，爬藤类植物及小巧可爱的绿色盆栽在这种风格的家居装饰中很常见。

三、经典案例分析

图 10-4 为厦门某小区一户型的平面布置图，家具与陈设以海的颜色为基调，采用地中海风格元素演绎蓝调风，配合周边环境，演绎不一样的心境。

1. 客厅陈设配色方案

客厅采用了非常有气质的蓝色，黄色单人沙发和窗帘点缀其中，特别亮眼，如图 10-5 所示。

图 10-4　平面图

图 10-5　客厅陈设方案

2. 卧室陈设配色方案

卧室以蓝色作为整个空间的基调，再配以纯净的白色，清新又有活力，如图 10-6 所示。

3. 餐厅陈设配色方案

餐厅以原木色为主色调，重在打造温馨柔和的用餐环境，如图 10-7 所示。

图 10-6　卧室陈设方案

图 10-7　餐厅陈设方案

4. 卫生间陈设配色方案

卫生间以蓝色为主色调，采用优雅舒展的天花设计，搭配绿植，体现主人复古的情怀，如图 10-8 所示。

图 10-8　卫生间陈设方案

实训项目二：家具与陈设风格练习

一、新中式实木家具陈设设计

　　新中式风格陈设设计应充分考虑新中式家具的特点，再结合其他新中式风格装饰元素，打造统一的整体。（见图 10-9）

　　（1）新中式家具讲究形散神聚，注重装饰效果的同时，用现代的手法和材质还原古典气质。新中式家具备古典与现代的双重审美效果，让人们在享受物质文明的同时得到精神上的慰藉。

　　（2）新中式家具在造型设计上既不是仿古也不是复古，而是追求神似，用简化的手法利用现代的材料和加工技术去追求传统式样特点。

　　（3）新中式装饰元素有瓷器、中国字画、中国结、京剧脸谱、宫灯等，另外，扎染、蜡染的布艺，女红盘扣等都可以应用在这类空间的布艺上，床上用品面料可以用有代表性的丝绸面料，以突出室内的华丽。

　　（4）新中式家具在结构方面大都采用榫卯结构，或采用五金件连接。

图 10-9　新中式风格家具及陈设设计

二、经典案例分析

湖北荣星家具有限公司现主营"红荣居"新中式家具及原木门、原木办公家具，其中，"红荣居"新中式家具以江南四大名木之一的梓木为主料，结合桃源雕刻工艺，运用传统榫卯结构，极具收藏价值和升值空间。

（一）原材料设计

梓木硬度介于红木和硬木之间，材质耐朽坚韧，木理优美并带光泽，可为各种桌案、箱柜、架格以及雕花挡板、牙条和其他细木装饰部件。梓木材质优良、坚韧，富有弹性，易干燥，切面光滑，不翘不裂，耐湿耐腐，虫菌不易危害，有千年不朽之称。

现代梓木多用于军工、建筑，但因密度较大加工不易，家具制造难度大，影响力不如江南四大名木中其他几种（如楠木等）。梓木家具的木纤维对紫外线有较强的吸收作用，木纹表面导管细微凹凸不平使光线散射，可减少眼睛疲劳和损伤；触感温暖，且有良好的声学性能和调温、调湿等功能。

（二）造型设计

"红荣居"家具材料以原木为主，风格为新中式，款式分为"11 型（梓悦）""12 型（优悦）"和"13 型（尚悦）"，如图 10-10 至图 10-12 所示。产品融合现代流派和古典风格，以满足人们日益增长的物质文化生活需求。

1."11 型（梓悦）"款原木家具特性

（1）外形以圆形为主打，体现中国的传统文化之天圆地方，风格主要仿明清家具。

（2）采用明式家具之简练，但将其裹腿、束腰风格与现代文化相结合，体现出产品的优美气质与古韵。

（3）凹凸明显，其边设起边线，光素束腰，腿脚蜿蜒轮回，四方呼应，钩心斗角立支一面。

（4）木纹繁复彰显自然，造型俊朗简练，一繁一简，对比呼应，整体气韵令人倍感玲珑妍丽。

此款式家具主要适用于卧室、书房、客厅、各类别墅、餐厅、公共休息室、茶馆、古玩店、棋牌室等场所。

图 10-10　"11 型（梓悦）"款家具

图 10-11　"12 型（优悦）"款家具

2. "12 型（优悦）"款原木家具特性

（1）外形以方形为主打，优美的"回"纹体现出家具的简单、高贵。

（2）经典的外观与现代的设计理念体现了历史与现代的和谐统一。此款式采用了现代家具的结构形式，结合了传统的榫卯及装饰手法以及人体工程学的合理运用。

（3）产品的实用性结合艺术的美感，更加具有古典家具风格的蕴魂。

（4）家具的榫卯结构采用了斩边打槽的做法，结合了明清家具的牙条、圈口、券牙、霸王枨、罗锅枨、卡子花等结构形式。

（5）装饰手法以雕、镂、嵌、描的方式，使此款式家具锦上添花。

3. "13 型（尚悦）"款原木家具特性

（1）该款式家具打破常规，用倾斜的线条替代了传统家具方正的造型，以明式家具为基调，融合了现代人的生活理念，以优雅的外观和卓越的工艺体现中式家具的创新之美、文化之美。

（2）书房系列家具在视觉上形成上大下小的斗型，而"斗"在中华传统文化中又是财富的承载之物，包含了物质与精神上的财富，暗含对有学识的人"学富五车，才高八斗"的褒赞之意。

图 10-12　"13 型（尚悦）"款家具

[1] 刘俊，唐琼，周飞 . 家具设计表现技法 [M]. 合肥：合肥工业大学出版社，2006.

[2] 张菲，杨中强 . 家具与陈设设计 [M].2 版 . 北京：机械工业出版社，2016.

[3] 倪晓静 . 家具与陈设设计 [M]. 石家庄：河北美术出版社，2016.

[4] 万娜，方松林 . 家具与陈设 [M]. 重庆：西南师范大学出版社，2015.

[5] 刘雅培 . 手绘室内家具陈设与空间效果图 [M]. 北京：清华大学出版社，2017.

[6] 李凤菸 . 家具设计 [M]. 北京：中国建筑工业出版社，1999.

[7] 徐岚，赵慧敏 . 现代家具设计史 [M]. 北京：北京大学出版社，2014.